U0163020

国家出版基金项目
NATIONAL PUBLICATION FOUNDATION

"十四五"时期国家重点出版物出版专项规划项目

中 国 建 造 关 键 技 术 创 新 与 应 用 丛 书

居住建筑工程建造关键施工技术

肖绪文　蒋立红　张晶波　黄　刚　等　编

中国建筑工业出版社

图书在版编目（CIP）数据

居住建筑工程建造关键施工技术／肖绪文等编. —
北京：中国建筑工业出版社，2023.12
（中国建造关键技术创新与应用丛书）
ISBN 978-7-112-29464-0

Ⅰ. ①居… Ⅱ. ①肖… Ⅲ. ①居住建筑－工程施工
Ⅳ. ①TU241

中国国家版本馆 CIP 数据核字（2023）第 244755 号

　　本书结合实际居住建筑工程建设情况，收集大量相关资料，对居住建筑的建设特点、施工技术、施工管理等进行系统、全面的统计，加以提炼，通过已建项目的施工经验，紧抓居住建筑的特点以及施工技术难点，从居住建筑的功能形态特征、关键施工技术、专项施工技术三个层面进行研究，形成一套系统的居住建筑建造技术，并遵循集成技术开发思路，围绕居住建筑建设，分篇章对其进行总结介绍，并且提供工程案例辅以说明。本书适合于建筑施工领域技术、管理人员参考使用。

责任编辑：高　悦　范业庶　万　李
责任校对：李美娜

中国建造关键技术创新与应用丛书
居住建筑工程建造关键施工技术
肖绪文　蒋立红　张晶波　黄　刚　等　编
*
中国建筑工业出版社出版、发行（北京海淀三里河路 9 号）
各地新华书店、建筑书店经销
北京红光制版公司制版
北京中科印刷有限公司印刷
*
开本：787 毫米×960 毫米　1/16　印张：14　字数：221 千字
2023 年 12 月第一版　　2023 年 12 月第一次印刷
定价：**55.00** 元
ISBN 978-7-112-29464-0
（41218）

《中国建造关键技术创新与应用丛书》
编　委　会

3

《中国建造关键技术创新与应用丛书》
编者的话

一、初心

"十三五"期间，我国建筑业改革发展成效显著，全国建筑业增加值年均增长 5.1%，占国内生产总值比重保持在 6.9% 以上。2022 年，全国建筑业总产值近 31.2 万亿元，房屋施工面积 156.45 亿 m^2，建筑业从业人数 5184 万人。建筑业作为国民经济支柱产业的作用不断增强，为促进经济增长、缓解社会就业压力、推进新型城镇化建设、保障和改善人民生活作出了重要贡献，中国建造也与中国创造、中国制造共同发力，不断改变着中国面貌。

建筑业在为社会发展作出巨大贡献的同时，仍然存在资源浪费、环境污染、碳排放高、作业条件差等显著问题，建筑行业工程质量发展不平衡不充分的矛盾依然存在，随着国民生活水平的快速提升，全面建成小康社会也对工程建设产品和服务提出了新的要求，因此，建筑业实现高质量发展更为重要紧迫。

众所周知，工程建造是工程立项、工程设计与工程施工的总称，其中，对于建筑施工企业，更多涉及的是工程施工活动。在不同类型建筑的施工过程中，由于工艺方法、作业人员水平、管理质量的不同，导致建筑品质总体不高、工程质量事故时有发生。因此，亟须建筑施工行业，针对各种不同类别的建筑进行系统集成技术研究，形成成套施工技术，指导工程实践，以提高工程品质，保障工程安全。

中国建筑集团有限公司（简称"中建集团"），是我国专业化发展最久、市场化经营最早、一体化程度最高、全球规模最大的投资建设集团。2022 年，中建集团位居《财富》"世界 500 强"榜单第 9 位，连续位列《财富》"中国 500 强"前 3 名，稳居《工程新闻记录》（ENR）"全球最大 250 家工程承包商"榜单首位，连续获得标普、穆迪、惠誉三大评级机构 A 级信用评级。近年来，随着我国城市化进程的快速推进和经济水平的迅速增长，中建集团下属各单位在航站楼、会展建筑、体育场馆、大型办公建筑、医院、制药厂、污水处理厂、居住建筑、建筑工程装饰装修、城市综合管廊等方面，承接了一大批国内外具有代表性的地标性工程，积累了丰富的施工管理经验，针对具体施工工艺，研究形成了许多卓有成效的新型施工技术，成果应用效果明显。然而，这些成果仍然分散在各个单位，应用水平参差不齐，难能实现资源共享，更不能在行业中得到广泛应用。

基于此，一个想法跃然而生：集中中建集团技术力量，将上述施工技术进行集成研究，形成针对不同工程类型的成套施工技术，可以为工程建设提供全方位指导和借鉴作用，为提升建筑行业施工技术整体水平起到至关重要的促进作用。

二、实施

初步想法形成以后，如何实施，怎样达到预期目标，仍然存在诸多困难：一是海量的工程数据和技术方案过于繁杂，资料收集整理工程量巨大；二是针对不同类型的建筑，如何进行归类、分析，形成相对标准化的技术集成，有效指导基层工程技术人员的工作难度很大；三是该项工作标准要求高，任务周期长，如何组建团队，并有效地组织完成这个艰巨的任务面临巨大挑战。

随着国家科技创新力度的持续加大和中建集团的高速发展，我们的想法得到了集团领导的大力支持，集团决定投入专项研发经费，对科技系统下达了针对"房屋建筑、污水处理和管廊等工程施工开展系列集成技术研究"的任务。

接到任务以后，如何出色完成呢？

首先是具体落实"谁来干"的问题。我们分析了集团下属各单位长期以来在该领域的技术优势，并在广泛征求意见的基础上，确定了"在集团总部主导下，以工程技术优势作为相应工程类别的课题牵头单位"的课题分工原则。具体分工是：中建八局负责航站楼；中建五局负责会展建筑；中建三局负责体育场馆；中建四局负责大型办公建筑；中建一局负责医院；中建二局负责制药厂；中建六局负责污水处理厂；中建七局负责居住建筑；中建装饰负责建筑装饰装修；中建集团技术中心负责城市综合管廊建筑。组建形成了由集团下属二级单位总工程师作课题负责人，相关工程项目经理和总工程师为主要研究人员，总人数达300余人的项目科研团队。

其次是确定技术路线，明确如何干的问题。通过对各类建筑的施工组织设计、施工方案和技术交底等指导施工的各类文件的分析研究发现，工程施工项目虽然千差万别，但同类技术文件的结构大多相同，内容的重复性大多占有主导地位，因此，对这些文件进行标准化处理，把共性技术和内容固化下来，这将使复杂的投标方案、施工组织设计、施工方案和技术交底等文件的编制变得相对简单。

根据之前的想法，结合集团的研发布局，初步确定该项目的研发思路为：全面收集中建集团及其所属单位完成的航站楼、会展建筑、体育场馆、大型办公建筑、医院、制药厂、污水处理厂、居住建筑、建筑工程装饰装修、城市综合管廊十大系列项目的所有资料，分析各类建筑的施工特点，总结其施工组织和部署的内在规律，提出该类建筑的技术对策。同时，对十大系列项目的施工组织设计、施工方案、工法等技术资源进行收集和梳理，将其系统化、标准化，以指导相应的工程项目投标和实施，提高项目运行的效率及质量。据此，针对不同工程特点选择适当的方案和技术是一种相对高效的方法，可有效减少工程项目技术人员从事繁杂的重复性劳动。

项目研究总体分为三个阶段：

第一阶段是各类技术资源的收集整理。项目组各成员对中建集团所有施工项目进行资料收集，并分类筛选。累计收集各类技术标文件381份，施工组织设计269份，项目施工图206套，施工方案3564篇，工法547项，专利241篇，论文若干，充分涵盖了十大类工程项目的施工技术。

第二阶段是对相应类型工程项目进行分析研究。由课题负责人牵头，集合集团专业技术人员优势能力，完成对不同类别工程项目的分析，识别工程特点难点，对关键技术、专项技术和一般技术进行分类，找出相应规律，形成相应工程实施的总体部署要点和组织方法。

第三阶段是技术标准化。针对不同类型工程项目的特点，对提炼形成的关键施工技术和专项施工技术进行系统化和规范化，对技术资料进行统一性要求，并制作相关文档资料和视频影像数据库。

基于科研项目层面，对课题完成情况进行深化研究和进一步凝练，最终通过工程示范，检验成果的可实施性和有效性。

通过五年多时间，各单位按照总体要求，研编形成了本套丛书。

三、成果

十年磨剑终成锋，根据系列集成技术的研究报告整理形成的本套丛书终将面世。丛书依据工程功能类型分为：航站楼、会展建筑、体育场馆、大型办公建筑、医院、制药厂、污水处理厂、居住建筑、建筑工程装饰装修、城市综合管廊十大系列，每一系列单独成册，每册包含概述、功能形态特征研究、关键技术研究、专项技术研究和工程案例五个章节。其中，概述章节主要介绍项目的发展概况和研究简介；功能形态特征研究章节对项目的特点、施工难点进行了分析；关键技术研究和专项技术研究章节针对项目施工过程中各类创新技术进行了分类总结提炼；工程案例章节展现了截至目前最新完成的典型工程项目。

1.《航站楼工程建造关键施工技术》

随着经济的发展和国家对基础设施投资的增加，机场建设成为国家投资的重点，机场除了承担其交通作用外，往往还肩负着代表一个城市形象、体现地区文化内涵的重任。该分册集成了国内近十年绝大多数大型机场的施工技术，提炼总结了针对航站楼的 17 项关键施工技术、9 项专项施工技术。同时，形成省部级工法 33 项、企业工法 10 项，获得专利授权 36 项，发表论文 48 篇，收录典型工程实例 20 个。

针对航站楼工程智能化程度要求高、建筑平面尺寸大等重难点，总结了 17 项关键施工技术：

- 装配式塔式起重机基础技术
- 机场航站楼超大承台施工技术
- 航站楼钢屋盖滑移施工技术

- 航站楼大跨度非稳定性空间钢管桁架"三段式"安装技术
- 航站楼"跨外吊装、拼装胎架滑移、分片就位"施工技术
- 航站楼大跨度等截面倒三角弧形空间钢管桁架拼装技术
- 航站楼大跨度变截面倒三角空间钢管桁架拼装技术
- 高大侧墙整体拼装式滑移模板施工技术
- 航站楼大面积曲面屋面系统施工技术
- 后浇带与膨胀剂综合用于超长混凝土结构施工技术
- 跳仓法用于超长混凝土结构施工技术
- 超长、大跨、大面积连续预应力梁板施工技术
- 重型盘扣架体在大跨度渐变拱形结构施工中的应用
- BIM 机场航站楼施工技术
- 信息系统技术
- 行李处理系统施工技术
- 安检信息管理系统施工技术

针对屋盖造型奇特、机电信息系统复杂等特点，总结了9项专项施工技术：

- 航站楼钢柱混凝土顶升浇筑施工技术
- 隔震垫安装技术
- 大面积回填土注浆处理技术
- 厚钢板异形件下料技术
- 高强度螺栓施工、检测技术
- 航班信息显示系统（含闭路电视系统、时钟系统）施工技术
- 公共广播、内通及时钟系统施工技术
- 行李分拣机安装技术
- 航站楼工程不停航施工技术

2. 《会展建筑工程建造关键施工技术》

随着经济全球化进一步加速，各国之间的经济、技术、贸易、文化等往来日益频繁，为会展业的发展提供了巨大的机遇，会展业涉及的范围越来越广，

规模越来越大，档次越来越高，在社会经济中的影响也越来越大。该分册集成了 30 余个会展建筑的施工技术，提炼总结了针对会展建筑的 11 项关键施工技术、12 项专项施工技术。同时，形成国家标准 1 部、施工技术交底 102 项、工法 41 项、专利 90 项，发表论文 129 篇，收录典型工程实例 6 个。

针对会展建筑功能空间大、组合形式多、屋面造型新颖独特等特点，总结了 11 项关键施工技术：

- 大型复杂建筑群主轴线相关性控制施工技术

- 轻型井点降水施工技术

- 吹填砂地基超大基坑水位控制技术

- 超长混凝土墙面无缝施工及综合抗裂技术

- 大面积钢筋混凝土地面无缝施工技术

- 大面积钢结构整体提升技术

- 大跨度空间钢结构累积滑移技术

- 大跨度钢结构旋转滑移施工技术

- 钢骨架玻璃幕墙设计施工技术

- 拉索式玻璃幕墙设计施工技术

- 可开启式天窗施工技术

针对测量定位、大跨度（钢）结构、复杂幕墙施工等重难点，总结了 12 项专项施工技术：

- 大面积软弱地基处理技术

- 大跨度混凝土结构预应力技术

- 复杂空间钢结构高空原位散件拼装技术

- 穹顶钢—索膜结构安装施工技术

- 大面积金属屋面安装技术

- 金属屋面节点防水施工技术

- 大面积屋面虹吸排水系统施工技术

- 大面积异形地面铺贴技术

- 大空间吊顶施工技术

- 大面积承重耐磨地面施工技术

- 饰面混凝土技术

- 会展建筑机电安装联合支吊架施工技术

3.《体育场馆工程建造关键施工技术》

体育比赛现今作为国际政治、文化交流的一种依托，越来越受到重视，同时，我国体育事业的迅速发展，带动了体育场馆的建设。该分册集成了中建集团及其所属企业完成的绝大多数体育场馆的施工技术，提炼总结了针对体育场馆的16项关键施工技术、17项专项施工技术。同时，形成国家级工法15项、省部级工法32项、企业工法26项、专利21项，发表论文28篇，收录典型工程实例15个。

为了满足各项赛事的场地高标准需求（如赛场平整度、光线满足度、转播需求等），总结了16项关键施工技术：

- 复杂（异形）空间屋面钢结构测量及变形监测技术

- 体育场看台依山而建施工技术

- 大截面Y形柱施工技术

- 变截面Y形柱施工技术

- 高空大直径组合式V形钢管混凝土柱施工技术

- 异形尖劈柱施工技术

- 永久模板混凝土斜扭柱施工技术

- 大型预应力环梁施工技术

- 大悬挑钢桁架预应力拉索施工技术

- 大跨度钢结构滑移施工技术

- 大跨度钢结构整体提升技术

- 大跨度钢结构卸载技术

- 支撑胎架设计与施工技术

- 复杂空间管桁架结构现场拼装技术

- 复杂空间异形钢结构焊接技术
- ETFE膜结构施工技术

为了更好地满足观赛人员的舒适度，针对体育场馆大跨度、大空间、大悬挑等特点，总结了17项专项施工技术：

- 高支模施工技术
- 体育馆木地板施工技术
- 游泳池结构尺寸控制技术
- 射击馆噪声控制技术
- 体育馆人工冰场施工技术
- 网球场施工技术
- 塑胶跑道施工技术
- 足球场草坪施工技术
- 国际马术比赛场施工技术
- 体育馆吸声墙施工技术
- 体育场馆场地照明施工技术
- 显示屏安装技术
- 体育场馆智能化系统集成施工技术
- 耗能支撑加固安装技术
- 大面积看台防水装饰一体化施工技术
- 体育场馆标识系统制作及安装技术
- 大面积无损拆除技术

4.《大型办公建筑工程建造关键施工技术》

随着现代城市建设和城市综合开发的大幅度前进，一些大城市尤其是较为开放的城市在新城区规划设计中，均加入了办公建筑及其附属设施（即中央商务区/CBD）。该分册全面收集和集成了中建集团及其所属企业完成的大型办公建筑的施工技术，提炼总结了针对大型办公建筑的16项关键施工技术、28项专项施工技术。同时，形成适用于大型办公建筑施工的专利共53项、工法12

项，发表论文 65 篇，收录典型工程实例 9 个。

针对大型办公建筑施工重难点，总结了 16 项关键施工技术：

- 大吨位长行程油缸整体顶升模板技术
- 箱形基础大体积混凝土施工技术
- 密排互嵌式挖孔方桩墙逆作施工技术
- 无粘结预应力抗拔桩桩侧后注浆技术
- 斜扭钢管混凝土柱抗剪环形梁施工技术
- 真空预压＋堆载振动碾压加固软弱地基施工技术
- 混凝土支撑梁减振降噪微差控制爆破拆除施工技术
- 大直径逆作板墙深井扩底灌注桩施工技术
- 超厚大斜率钢筋混凝土剪力墙爬模施工技术
- 全螺栓无焊接工艺爬升式塔式起重机支撑牛腿支座施工技术
- 直登顶模平台双标准节施工电梯施工技术
- 超高层高适应性绿色混凝土施工技术
- 超高层不对称钢悬挂结构施工技术
- 超高层钢管混凝土大截面圆柱外挂网抹浆防护层施工技术
- 低压喷涂绿色高效防水剂施工技术
- 地下室梁板与内支撑合一施工技术

为了更好利用城市核心区域的土地空间，打造高端的知名品牌，大型办公建筑一般为高层或超高层项目，基于此，总结了 28 项专项施工技术：

- 大型地下室综合施工技术
- 高精度超高测量施工技术
- 自密实混凝土技术
- 超高层导轨式液压爬模施工技术
- 厚钢板超长立焊缝焊接技术
- 超大截面钢柱陶瓷复合防火涂料施工技术
- PVC 中空内模水泥隔墙施工技术

- 附着式塔式起重机自爬升施工技术

- 超高层建筑施工垂直运输技术

- 管理信息化应用技术

- BIM 施工技术

- 幕墙施工新技术

- 建筑节能新技术

- 冷却塔的降噪施工技术

- 空调水蓄冷系统蓄冷水池保温、防水及均流器施工技术

- 超高层高适应性混凝土技术

- 超高性能混凝土的超高泵送技术

- 超高层施工期垂直运输大型设备技术

- 基于 BIM 的施工总承包管理系统技术

- 复杂多角度斜屋面复合承压板技术

- 基于 BIM 的钢结构预拼装技术

- 深基坑旧改项目利用旧地下结构作为支撑体系换撑快速施工技术

- 新型免立杆铝模支撑体系施工技术

- 工具式定型化施工电梯超长接料平台施工技术

- 预制装配化压重式塔式起重机基础施工技术

- 复杂异形蜂窝状高层钢结构的施工技术

- 中风化泥质白云岩大筏板基础直壁开挖施工技术

- 深基坑双排双液注浆止水帷幕施工技术

5. 《医院工程建造关键施工技术》

由于我国医疗卫生事业的发展，许多医院都先后进入"改善医疗环境"的建设阶段，各地都在积极改造原有医院或兴建新型的现代医疗建筑。该分册集成了中建集团及其所属企业完成的医院的施工技术，提炼总结了针对医院的 7 项关键施工技术、7 项专项施工技术。同时，形成工法 13 项，发表论文 7 篇，收录典型工程实例 15 个。

针对医院各功能板块的使用要求，总结了7项关键施工技术：

- 洁净施工技术
- 防辐射施工技术
- 医院智能化控制技术
- 医用气体系统施工技术
- 酚醛树脂板干挂法施工技术
- 橡胶卷材地面施工技术
- 内置钢丝网架保温板（IPS板）现浇混凝土剪力墙施工技术

针对医院特有的洁净要求及通风光线需求，总结了7项专项施工技术：

- 给水排水、污水处理施工技术
- 机电工程施工技术
- 外墙保温装饰一体化板粘贴施工技术
- 双管法高压旋喷桩加固抗软弱层位移施工技术
- 构造柱铝合金模板施工技术
- 多层钢结构双向滑动支座安装技术
- 多曲神经元网壳钢架加工与安装技术

6.《制药厂工程建造关键施工技术》

随着人民生活水平的提高，对药品质量的要求也日益提高，制药厂越来越多。该分册集成了15个制药厂的施工技术，提炼总结了针对制药厂的6项关键施工技术、4项专项施工技术。同时，形成论文和总结18篇、施工工艺标准9篇，收录典型工程实例6个。

针对制药厂高洁净度的要求，总结了6项关键施工技术：

- 地面铺贴施工技术
- 金属壁施工技术
- 吊顶施工技术
- 洁净环境净化空调技术
- 洁净厂房的公用动力设施

- 洁净厂房的其他机电安装关键技术

针对洁净环境的装饰装修、机电安装等功能需求，总结了 4 项专项施工技术：

- 洁净厂房锅炉安装技术
- 洁净厂房污水、有毒液体处理净化技术
- 洁净厂房超精地坪施工技术
- 制药厂防水、防潮技术

7.《污水处理厂工程建造关键施工技术》

节能减排是当今世界发展的潮流，也是我国国家战略的重要组成部分，随着城市污水排放总量逐年增多，污水处理厂也越来越多。该分册集成了中建集团及其所属企业完成的污水处理厂的施工技术，提炼总结了针对污水处理厂的 13 项关键施工技术、4 项专项施工技术。同时，形成国家级工法 3 项、省部级工法 8 项，申请国家专利 14 项，发表论文 30 篇，完成著作 2 部，QC 成果获国家建设工程优秀质量管理小组 2 项，形成企业标准 1 部、行业规范 1 部，收录典型工程实例 6 个。

针对不同污水处理工艺和设备，总结了 13 项关键施工技术：

- 超大面积、超薄无粘结预应力混凝土施工技术
- 异形沉井施工技术
- 环形池壁无粘结预应力混凝土施工技术
- 超高独立式无粘结预应力池壁模板及支撑系统施工技术
- 顶管施工技术
- 污水环境下混凝土防腐施工技术
- 超长超高剪力墙钢筋保护层厚度控制技术
- 封闭空间内大方量梯形截面素混凝土二次浇筑施工技术
- 有水管道新旧钢管接驳施工技术
- 乙丙共聚蜂窝式斜管在沉淀池中的应用技术
- 滤池内滤板模板及曝气头的安装技术

- 水工构筑物橡胶止水带引发缝施工技术
- 卵形消化池综合施工技术

为了满足污水处理厂反应池的结构要求，总结了 4 项专项施工技术：

- 大型露天水池施工技术
- 设备安装技术
- 管道安装技术
- 防水防腐涂料施工技术

8.《居住建筑工程建造关键施工技术》

在现代社会的城市建设中，居住建筑是占比最大的建筑类型，近年来，全国城乡住宅每年竣工面积达到 12 亿～14 亿 m^2，投资额接近万亿元，约占全社会固定资产投资的 20％。该分册集成了中建集团及其所属企业完成的居住建筑的施工技术，提炼总结了居住建筑的 13 项关键施工技术、10 项专项施工技术。同时，形成国家级工法 8 项、省部级工法 23 项；申请国家专利 38 项，其中发明专利 3 项；发表论文 16 篇；收录典型工程实例 7 个。

针对居住建筑的分部分项工程，总结了 13 项关键施工技术：

- SI 住宅配筋清水混凝土砌块砌体施工技术
- SI 住宅干式内装系统墙体管线分离施工技术
- 装配整体式约束浆锚剪力墙结构住宅节点连接施工技术
- 装配式环筋扣合锚接混凝土剪力墙结构体系施工技术
- 地源热泵施工技术
- 顶棚供暖制冷施工技术
- 置换式新风系统施工技术
- 智能家居系统
- 预制保温外墙免支模一体化技术
- CL 保温一体化与铝模板相结合施工技术
- 基于铝模板爬架体系外立面快速建造施工技术
- 强弱电箱预制混凝土配块施工技术

- 居住建筑各功能空间的主要施工技术

10 项专项施工技术包括：

- 结构基础质量通病防治
- 混凝土结构质量通病防治
- 钢结构质量通病防治
- 砖砌体质量通病防治
- 模板工程质量通病防治
- 屋面质量通病防治
- 防水质量通病防治
- 装饰装修质量通病防治
- 幕墙质量通病防治
- 建筑外墙外保温质量通病防治

9.《建筑工程装饰装修关键施工技术》

随着国民消费需求的不断升级和分化，我国的酒店业正在向着更加多元的方向发展，酒店也从最初的满足住宿功能阶段发展到综合提升用户体验的阶段。该分册集成了中建集团及其所属企业完成的高档酒店装饰装修的施工技术，提炼总结了建筑工程装饰装修的 7 项关键施工技术、7 项专项施工技术。同时，形成工法 23 项；申请国家专利 15 项，其中发明专利 2 项；发表论文 9 篇；收录典型工程实例 14 个。

针对不同装饰部位及工艺的特点，总结了 7 项关键施工技术：

- 多层木造型艺术墙施工技术
- 钢结构玻璃罩扣幻光穿顶施工技术
- 整体异形（透光）人造石施工技术
- 垂直水幕系统施工技术
- 高层井道系统轻钢龙骨石膏板隔墙施工技术
- 锈面钢板施工技术
- 隔振地台施工技术

为了提升住户体验，总结了7项专项施工技术：

- 地面工程施工技术
- 吊顶工程施工技术
- 轻质隔墙工程施工技术
- 涂饰工程施工技术
- 裱糊与软包工程施工技术
- 细部工程施工技术
- 隔声降噪施工关键技术

10.《城市综合管廊工程建造关键施工技术》

为了提高城市综合承载力，解决城市交通拥堵问题，同时方便电力、通信、燃气、供排水等市政设施的维护和检修，城市综合管廊越来越多。该分册集成了中建集团及其所属企业完成的城市综合管廊的施工技术，提炼总结了10项关键施工技术、10项专项施工技术，收录典型工程实例8个。

针对城市综合管廊不同的施工方式，总结了10项关键施工技术：

- 模架滑移施工技术
- 分离式模板台车技术
- 节段预制拼装技术
- 分块预制装配技术
- 叠合预制装配技术
- 综合管廊盾构过节点井施工技术
- 预制顶推管廊施工技术
- 哈芬槽预埋施工技术
- 受限空间管道快速安装技术
- 预拌流态填筑料施工技术

10项专项施工技术包括：

- U形盾构施工技术
- 两墙合一的预制装配技术

- 大节段预制装配技术

- 装配式钢制管廊施工技术

- 竹缠绕管廊施工技术

- 喷涂速凝橡胶沥青防水涂料施工技术

- 火灾自动报警系统安装技术

- 智慧线＋机器人自动巡检系统施工技术

- 半预制装配技术

- 内部分舱结构施工技术

四、感谢与期望

该项科技研发项目针对十大类工程形成的系列集成技术，是中建集团多年来经验和优势的体现，在一定程度上展示了中建集团的综合技术实力和管理水平。

不忘初心，牢记使命。希望通过本套丛书的出版发行，一方面可帮助企业减轻投标文件及实施性技术文件的编制工作量，提升效率；另一方面为企业生产专业化、管理标准化提供技术支撑，进而逐步改变施工企业之间技术发展不均衡的局面，促进我国建筑业高质量发展。

在此，非常感谢奉献自己研究成果，并付出巨大努力的相关单位和广大技术人员，同时要感谢在系列集成技术研究成果基础上，为编撰本套丛书提供支持和帮助的行业专家。我们愿意与各位行业同仁一起，持续探索，为中国建筑业的发展贡献微薄之力。

考虑到本项目研究涉及面广，研究时间持续较长，研究人员变化较大，研究水平也存在较大差异，我们在出版前期尽管做了许多完善凝练的工作，但还是存在许多不尽如意之处，诚请业内专家斧正，我们不胜感激。

编委会

北京　2023 年

前　　言

近年来，全国城乡住宅每年竣工面积达到 12 亿～14 亿 m²，投资额接近万亿元，约占全社会固定资产投资的 20％，且这样的势头还将持续很长一段时间。2020 年，我国城镇人口占比已经达到 63.89％。德国、美国在 20 世纪 50 年代城市化率已突破 60％，从发达国家发展历程来看，我国未来城镇化仍有较大空间，居住建筑需求和建设速度将继续增长。

中国建筑第七工程局有限公司先后承担或参与国内多个居住建筑建设项目。为更好地服务和促进居住建筑的建设发展，中国建筑股份有限公司组织骨干力量，整合系统内已成功施工的居住建筑项目，研究集成实用先进的施工技术，形成居住建筑成套施工技术。

本书适用于从事建筑设计、施工、监理、招标代理等技术和管理人员使用，旨在帮助他们了解居住建筑设计和施工的相关知识。

在本书的编写过程中，参考和选用了国内外学者、工程师的著作和资料，在此谨向他们表示衷心感谢。限于作者水平和条件，书中难免存在不妥和疏漏之处，恳请广大读者批评指正。

目　　录

1 概　　述

居住建筑是指供人们日常居住生活使用的建筑物。人工建造的住房最早出现在新石器时代。中国陕西省半坡遗址是迄今发现的最早的住房雏形。随着生产发展和生活内容的增加，逐渐形成各式各样的居住建筑。居住建筑是以家庭为单位的住宅形式，要求保证居住的安全性和私密性，平面布局多为对外封闭而向内开敞，这是影响居住建筑形制和设计的重要社会因素。

在近代随着资本主义经济的发展，农村人口大量涌入城市，城市住宅发生了大变化。城市用地日益紧张，促成了并联式、联排式、公寓式住宅和高层住宅的迅速发展。第二次世界大战后，在住房设计中吸收了社会学、心理学、建筑物理等学科的成果，使居住建筑的设计和建造又进入了一个技术科学化、设备现代化的新阶段。

在现代社会的城市建设中，居住建筑是比重最大的建筑类型。现代城市居住建筑类型多样，"户"或"套"是组成各类住宅的基本单位。住宅建筑按组合方式可分为独户住宅和多户住宅两类。按层数可分为别墅、多层、高层及超高层住宅。按居住者的类别可分为一般住宅、高级住宅、青年公寓、老年人住宅、集体宿舍、伤残人住宅等。根据不同结构、材料、施工方法、主体结构特征将住宅分为砖木住宅、砖混住宅、钢筋混凝土住宅、钢结构住宅等多种类型。

近年来，全国城乡住宅每年竣工面积达到 12 亿～14 亿 m^2，投资额接近万亿元，约占全社会固定资产投资的 20%，且这样的势头还将持续相当一段时间。第七次全国人口普查结果显示，2020 年 11 月 1 日，我国人口总量为14.12 亿人，我国城镇人口占比已经达到 63.89%。当前我国城镇化率水平相当于日本 20 世纪 50 年代、韩国 20 世纪 80 年代水平。德国、美国在 20 世

1

50 年代城市化率已突破 60％。从发达国家发展历程来看，我国未来城镇化仍有较大空间，《中华人民共和国国民经济和社会发展第十四个五年规划纲要》中明确提出，至 2025 年常住人口城镇化率提高到 65％，差值不足 1.2 个百分点，完成目标毫无悬念。在新型城镇化的带动下，未来城镇化水平仍将保持较快提升速度，但提升速度将放缓，房地产市场需求整体仍有释放空间。考虑到推进城市化发展进程、旧城改造、无房户解困、住宅更新换代等因素的交织影响，住宅需求将大大增加，住宅建设任务将十分繁重。

随着居住建筑需求和建设速度的不断增长，传统的施工技术已经不能满足需求，为满足社会的需要，近年来一系列新的施工技术不断出现，例如：逆作法、整体爬模施工技术、超高层混凝土泵送技术等。新技术的出现很大程度地提高了施工的速度和质量。中国建筑股份有限公司是以从事完全竞争性的建筑业和地产业为核心业务而发展壮大起来的中国最大的房屋建筑施工企业之一。在城市居住建筑的开发和建设方面具有显著的技术优势，为将这些技术优势转变成我们在市场中的竞争实力，为今后居住建筑施工提供指导和借鉴，提升在该类建筑施工中的整体水平，公司组织各单位将这些技术成果和信息技术结合起来，指导同类工程技术标准编制、施工组织设计和施工方案的制定等。

2 功能形态特征研究

人类从穴居时代到现代安逸舒适的居住环境，居住建筑的形态也发生了翻天覆地的变化，现代居住建筑的形态大致分为以下几种：超高层、高层、多层、别墅、乡村住宅及临时住宅等，由于建筑形态的不同，对施工技术的要求也不同。

2.1 超高层居住建筑

超高层居住建筑是指层数达到 40 层以上，或者建筑高度超过 100m 的居住性建筑，超高层建筑是现代工业化、商业化和城市化的必然结果，在土地资源十分宝贵的城市，尤其是在我国一些城市人口众多、居住面积小的情况下，修建适量的超高层建筑是发展的必然方向。当前，随着超高层建筑的日益增加，工程规模日益扩大和结构日趋复杂，导致了施工难度不断增加，施工环节增多，同时也促进了超高层建筑的施工技术不断革新。

2.1.1 超高层居住建筑施工技术特点

（1）以主楼施工为重点。超高层建筑的显著特点是投资大、工期长、成本高，而工期长短在业主心中往往占据非常重要的地位，因此必须突出工期保证措施，采取有力措施缩短工期。在整个工程中，主楼的建设工期无疑起着控制作用，而缩短工期的关键就是缩短主楼的工期，所以在一般情况下应尽量将主楼的施工提前进行。缩短工期难免增加投入，因此要统筹规划，提高效益。

（2）以基础和结构施工为主线。施工前期以结构施工为主，牵涉面小、投入少，缩短工期影响面也相对较小，成本比较低。为了安全和稳定性需要，一般超高层建筑基础埋深都比较深，基础工程量大、施工作业环境差、施工工期长。因此必须针对超高层建筑的作业条件和特点，优化基础施工工艺和方案，缩短基础工程的施工时间，为缩短工程总工期创造条件，结构施工也同样如此。

（3）以高效的垂直运输体系为支撑。超高层建筑施工作业面狭小、高空作业条件差、施工进度要求高，因此必须有效利用当今科技进步成果，尽可能采用机械化施工，以提高垂直运输体系的效率。采用机械化施工可以减少现场作业量，特别是高空作业量。这样一方面可以加快施工速度，缩短施工工期；另一方面可以充分发挥工厂预制的积极作用，提高施工质量。

（4）强化总承包管理，提高作业时间和空间的利用效率。强化总承包管理重点应放在有效利用作业时间和空间上，超高层建筑施工作业面狭小，一般自下而上逐层施工，这是其不利的一面，但也具有一定的优点，即可以利用垂直向上的特点，充分利用每一个楼层空间，通过有序组织，使各工种紧密衔接，实现空间立体流水作业，这样就可以大大加快施工速度，缩短施工工期。

（5）绿色施工。绿色施工不仅要在工程施工中实施封闭施工，没有尘土飞扬，没有噪声扰民，在工地四周栽花、种草，实施定时洒水等措施，还要尽可能减少场地干扰，提高资源和材料利用效率，增加材料的回收利用等，但采用这些手段的前提是要确保工程质量。

2.1.2　超高层居住建筑的几种现代施工技术

2.1.2.1　逆作法

逆作法的施工原理是将高层建筑地下结构自上往下逐层施工，即沿建筑物地下室四周施工连续墙或密排桩作为地下室外墙或基坑的围护结构，同时在建筑物内部有关位置，施工楼层中间支撑桩，从而组成逆作的竖向承重体系，随之从上向下挖一层土方，一同支模浇筑一层地下室梁板结构，当达到一定强度后，即可作为围护结构的内水平支撑，并满足继续往下施工的安全要求。与此同时，由于地下室顶面结构的完成也为上部结构施工创造了条件，所以也可以同时逐层向上进行地上结构的施工。由于现代超高层建筑地下结构越来越深，采用逆作法可以加快施工速度，节省工期。

2.1.2.2　整体滑模法

超高层建筑施工中采用整体滑模法，有利于主体结构的整体性；可减少附着、运转、管网敷设等工作；节省加设工具、模板装置费用；减少高空交叉作业，有利于安全、文明施工；扩大施工作业面，加快施工速度。

2.1.2.3　整体爬模法

超高层建筑的筒体结构，常用整体爬模法施工。先将配备整层高度的大模板，经若干个千斤顶通过支架及横梁整体平稳顶升到位后校正，再浇筑混凝土；待模板下口到达上层楼面标高后，即可进行水平结构的施工。

2.1.2.4　低位顶升法

该系统由工作平台、平台下的吊架梁、滑动吊环、吊架、模板、顶升油缸、支腿油缸、液压控制系统、现地控制系统九大部分组成。平台上面能放置各种施工物资及设备，能提供满足施工人员做各种准备的工作区，平台下面吊挂着模板及可供施工人员拆装模板的脚手架及安全通道，模板在平台下面的吊架梁上沿着滑道往复运行，使模板的安装与拆卸十分方便，平台具有运行平稳快捷、承载量大、形状可变性大、抗风能力强等特点，平台的顶升由顶升油缸来完成，平台的定位则是通过装在顶升油缸中下部的两组支撑钢梁来实现的，整个平台完成安装后其上下支撑钢梁通过伸缩油缸的推动将牛腿顶出，平置在现浇混凝土墙上的预留孔内，每层混凝土浇筑完成后，可以利用上部的脚手架直接绑扎钢筋，钢筋验收完成后即可开始运行顶模的顶升作业，上牛腿收回，上支撑箱梁顶升一个层高，然后牛腿伸出进入墙体预留洞，上支撑箱梁受力后收缩下支撑箱梁的牛腿，收缩主油缸，提升下支撑箱梁上升一个层高，并将下支撑箱梁的牛腿伸入墙体预留洞，这样就完成了一次顶升，顶升到位后将模板固定在墙体两侧经校正验收合格后就可以进行混凝土的浇筑。

2.1.2.5　超高层建筑的混凝土泵送技术

超高层建筑的混凝土强度高、体量大，目前国内均为泵送混凝土。为保证浇筑工效,不仅要求泵送混凝土具有恰当的配合比,还必须使用相当数量的混凝土泵机和布料机。泵送流程为:现场布置混凝土泵机→配备混凝土输送直管和弯管→固定输送管→泵送水泥浆或水泥砂浆→泵送混凝土。国内的高泵程混凝土主要采用了掺粉煤灰和化学外加剂的"双掺技术"。它综合反映了混凝土外加剂技术、掺合料技术、配合比设计技术、泵送设备、泵管布置铺设技术和泵车操作技术,使混凝土泵送高度一次又一次被突破。在 20 世纪末开始采用一泵到顶的方法将混凝土泵送到高空浇筑地点。

2.1.2.6　钢-混凝土组合施工技术

钢-混凝土结构很好地利用了高强度钢与混凝土的各自特性,使构件截面积减小而结构整体强度提高,有钢管混凝土、型钢混凝土、外包钢混凝土等多种形式。国内常用钢管混凝土结构,钢管混凝土结构是用圆形或多边形钢管内填充混凝土柱和其他结构,深圳赛格广场采用了 16Mnϕ600mm×28mm 的钢管混凝土结构,重庆世界贸易中心采用 16Mnϕ500mm×25mm 的钢管混凝土结构。

2.2　高层居住建筑

高层居住建筑是指 10 层以上的住宅以及总高度超过 24m 的公共建筑和综合性建筑。近年来,高层居住建筑的发展遍及全国的许多大中城市,已成为国内外施工的主要内容,可以预期我国高层居住建筑将以更快的速度向前发展,本节主要对高层住宅施工的特点进行分析,并对施工中的难点"安全问题"进行重点解读。

2.2.1　高层居住建筑施工特点

高层建筑要求施工具有高度连续性的高质量,施工技术和组织管理复杂,除具有一般多层建筑施工的一些特点外,还具有以下施工特点:工程量大、工序多、配合复杂;施工准备工作量大;施工周期长、工期紧;基础深、基坑支护和地基处理复杂；高空作业多、垂直运输量大；层数多、高度大，安全防护要求严；结构装修、防水质量要求高、技术复杂；平行流水、立体交叉作业多，机械化程度高。

2.2.2 高层居住建筑设计要点

（1）加强变形监测和压力检测。

碰撞预防。在深基坑施工过程中，要防止开挖设备碰撞，保证支护的稳定性。为进一步防止基坑内吊装作业水平碰撞，每根钢管的支座和钢环梁应用钢丝绳固定。支承桩与顶梁连接时应防止碰撞。施工过程中必须加强变形监测和压力检测。如果一侧压力异常，钢管支架的轴向力就会发生变化。此时应开展变形测控工作，及时发现横向、纵向支护结构的变化，保护施工的综合效益，提高深基坑施工安全的稳定性。

（2）加强施工安全监督。

高层建筑由于是高空作业，面临着恶劣的条件和环境，而高层作业的高层施工风险相对于低层施工要大得多，因此，施工安全监督显得尤为重要。它不仅对施工单位和施工人员有严格的要求，而且在实施阶段要加强施工标准和约束，制定和完善管理制度，以施工方案为实施标准，重视共性问题和常规影响因素，各部门相互配合，及时发现问题、解决问题。

（3）钢结构的应用。

1）钢结构在高层建筑的建设中得到了广泛的应用。但是在钢结构的应用中，一定不能忽视防火问题，因为钢结构具有很好的导热性，所以易引起火灾。在采用钢结构时必须熟悉图纸，了解钢结构的关键部分，检查质量，钢结构的规格、数量。对钢结构的施工也有抗震功能的要求。

2）应对插入的位置进行管理，并做适当保护。钢结构的传送主要依靠塔式起重机，所以对其承载能力要有严格的要求。

（4）建立系统的质量管理体系。

1）质量管理体系不是一成不变的，在每一项工作中要有一套完善的管理体系。因此，为了保证高层建筑的施工安全，必须建立系统的质量管理体系，重点创建科学、合理的项目质量管理体系，并根据建筑的实际情况，在施工过程中要不断完善管理手段，确保施工建筑的安全，延长使用寿命。

2）高层建筑结构设计选择科学合理的基本方案。确保施工过程中的每一道工序都能顺利完成，并采用分阶段的质量管理方法来控制影响成本的每一个环节，尽可能降低施工过程中出现资金短缺的可能性。做好施工工艺控制高层建筑主体结构的施工技术和管理是重中之重。施工过程中控制和管理的范围非常广泛，包括施工技术规范和相关标准、工程的测量、施工技术试验效果的测量、施工图的绘制和阅读。高层建筑施工前，应充分调查施工项目附近的地质地貌条件，从而选择科学合理的施工方案。加强工艺衔接程度，充分利用先进的管理方法加强管理，施工技术方面应选择结构形式、荷载分布、施工条件、因地制宜、合理适宜的施工方法，合理选择计算图。

2.3 多层居住建筑

多层居住建筑：指四层到六层由两个或两个以上户型上下叠加而成的住宅。多层住宅可以不设置电梯，楼梯往往作为多层住宅的主要上下楼通道。多层住宅一般一梯两户，每户都能实现南北自然通风，基本能实现每间居室的采光要求，一梯三户或一梯三户以上则必须牺牲一户或多户的南北自然通风，不值得提倡。多层住宅一般采用单元式，共用面积很小，这有利于提高面积利用率，但是同时也限制了邻里的交往。下面主要对多层居住建筑的绿色施工和施工质量通病的预防与治理进行介绍。

2.3.1 多层居住建筑的绿色施工

2.3.1.1 节材与材料资源利用

在旧城改造拆迁过程中，掩埋建筑垃圾的做法虽然比较简单，但需要占用大量土地，而且对土质、水质造成潜在的污染，2005 年，《城市建筑垃圾管理规定》发布，国家鼓励建筑垃圾综合利用，鼓励建设单位、施工单位优先采用建筑垃圾综合利用产品。尝试对建筑垃圾的回收、开发利用，利用建筑垃圾生产建筑用砖，在建筑垃圾再循环利用上迈出可喜的一步。对于总承包单位，合理利用新技术、新材料、新工艺，以减少传统材料的用量。采用高强度的钢材，利用高性能混凝土，混凝土的配比加以改进、掺入粉煤灰外加剂、降低水灰比，提高混凝土的强度；利用模块化产品，使用钢模板，对于木模板，可增加其使用次数；对其他材料，因地制宜、就地取材、循环使用、降低工程材料的实际投入量。

2.3.1.2 节水与水资源利用

我国很多地区淡水资源缺乏，由于地下水过度开采，导致水位急剧下降，地表水资源存储量较少，制约经济的发展。节水工作首先是要推广使用节水型的器具，增强节水意识，减少供水、排水的跑、冒、滴、漏现象；将雨水收集起来，用于混凝土养护、灌溉绿地、喷洒路面，减少扬尘；污、废水净化、中水的利用开发等。在现场施工过程中，可使用沉淀水冲刷设备车辆，水经处理后循环使用；使用红外感应龙头，避免常流水；雨水、污水分流，为今后雨水的综合利用打下基础。

2.3.1.3 节能与能源利用

能源问题是制约社会发展的关键因素之一，影响人类生存的环境。施工中力求做到降低能耗，提高能源利用率，此外，可再生能源、能源多样化是今后发展的主要方向。

降低能耗方面：使用保温隔热性能优异的空心砌块，聚氨酯夹心墙板，推广使用薄抹灰粘贴聚苯板；采用 Low-E 玻璃，具有高的可见光透过率和低的阳光透过率，起到保温隔热作用；采用断热桥铝合金门窗、幕墙；合理开发、利用太阳能；对冷却塔的余热进行回收、利用等。

提高能源利用率，施工现场采用与工程量相匹配的施工机械设备，引进变频技术、改进设备的能耗，优化施工方案，合理安排工序，提高机械设备的满载率。日常节能方面：办公室内采用高效节能灯，项目部要求全体人员随手关

灯，禁止"常明灯"，空调温度设置为 26℃，并做到随走随关，降低生活
能耗。

2.3.1.4　节地与施工用地保护

建筑用地的首要任务是提高土地利用率，加大地下空间的开发利用。很多
项目仍采用明挖顺作法的施工方式，不但环境影响大，严重干扰人们的正常生
活，而且路面和管线反复开凿和移位造成资源的极大浪费，也大幅度增加了开
发成本。未来对小面积大体量的旧楼翻建及地铁的建设，需要推广地下连续墙
逆作法施工。需要企业改进施工工艺，提高施工技术，增加施工装备，减少施
工用地，降低成本，降低对已有楼房的沉降影响。

对施工现场，项目部合理规划出管理区、生活服务区、材料堆放与仓储
区、材料加工作业区，并对现成临时用房、围墙、道路、硬地坪根据施工规
模、员工人数、材料设备需用计划和现场条件进行控制。对于材料的供应、存
储、加工、成品半成品堆放，直到材料使用，需进行合理的流水管理，避免二
次搬运。根据工程量的大小，确定采购产品的数量，尽量达到零库存。尽量使
用原有的道路，对原有道路的承载情况进行摸排，避免估计不足造成大型施工
机械无法操作的情况发生。

2.3.1.5　防扬尘污染

做好施工现场的扬尘控制，不仅能维护施工人员的健康，而且能保证周
边居民的健康及正常生活。土方施工阶段，对进出车辆进行冲洗；对裸露现
场采取围挡、遮盖等措施；对施工现场外围护架四周布置密目网，在居民一
侧现场加挂一层麻袋吸尘，收到比较满意的效果。清理建筑垃圾或废料时，
应采用洒水或其他吸尘措施，严禁清理楼层垃圾时直接倾倒至地面等，同时
严禁高空抛撒。

2.3.1.6　防噪声污染

尽量选用低噪声或有消声设备的施工机械，对强噪声机械设置封闭式机械
棚，减少噪声扩散。在路面硬化、浇筑混凝土的过程中，尽量安排在白天施
工，如需夜间施工，则除了需要办理夜间施工相关手续外，还要贴出告示通知

附近居民。对易产生噪声的设备应布置于远离居民的一侧，尽量减小设备启用时发出的噪声。

2.3.1.7 防光污染

光污染是近几年出现的一种新形式的环境污染。光污染是过量的光辐射、紫外辐射、红外辐射对身体健康、人类生活和工作环境造成不良影响的现象。光污染分为可见光、紫外光、红外光污染 3 种。电焊发出的强光和辐射是一种更为严重的光污染，而且还是发生火灾的根源之一。根据施工现场条件采取相应的防护措施。根据光学原理和实际测量，对玻璃幕墙光学性能作出具体的设计，以免形成光污染。如果工地设置灯塔，灯光的方向和角度应严格控制在工地的施工范围内，尽量减少对居民的影响。

2.3.1.8 绿色认证产品

建筑的室内外装饰装修，对建筑的硬件建设起到美化的效果，但材料除满足使用功能外，还应满足色彩学、美学等方面的要求，更应满足材料构成的软环境的要求，花岗石放射性核素、大芯板甲醛含量、混凝土中氨的含量、油漆中苯的含量等均应符合国家相关规范和标准的规定。建筑装饰企业应采用新技术、新产品、新工艺，减少室内有害气体的排放，减少霉菌及粉尘的产生，维护用户的健康和舒适度，为用户提供满意的产品。绿色环保施工，将对建筑企业带来深远的影响，对建筑业的可持续发展具有重要的意义。

2.3.2 多层居住建筑施工质量通病的预防与治理

2.3.2.1 多层居住建筑常见施工质量通病分析

多层居住建筑常见施工质量通病主要集中在水泥地面起砂、空鼓、裂缝，墙体裂缝等方面。为了更好地对其进行预防与治理，首先要详细分析其成因。地面起砂主要是由于水灰比例调节不好以及施工工艺控制不严。地面空鼓主要是由于基层清理不到位，基面存有灰尘，润湿饱和度不高。墙体裂缝主要有结构性裂缝、地基沉降不均匀裂缝、温度性裂缝几种。温度性裂缝是墙体中最常见的，这种裂缝常见于不同材料的交接处。一般材料都有热胀冷缩的性能，房屋结构由于周围温度变化引起变形，不同材料的膨胀系数不一样，导致产生温度性的裂缝。地基沉降不均匀，沉降大的部位与沉降小的部位发生相对位移，在墙体中产生剪力和拉力，这时就会出现由于沉降不均匀导致的墙体裂缝。结构性裂缝是由于上部荷载作用而引起的裂缝，表明墙体承载力不足或存在较大问题。了解和分析各种常见通病的病因才能有效地对其进行治理和防治。

2.3.2.2 多层居住建筑常见通病的防治

对于水泥地面的通病，可以通过严格控制水灰比、控制稠度来进行防治，同时通过对施工过程的工艺进行严格控制，保障水泥地面压光间隔时间、养护时间来预防。对于已经出现地面起砂的，小面积起砂且不严重时，可用磨石子机或手工将起砂部分水磨，磨至露出坚硬表面。也可把松散的水泥灰和砂子冲洗干净，铺刮纯水泥浆 1～2mm，然后分三遍压光。出现空鼓时应局部翻修，用混凝土切割机沿空鼓部位四周切割，切割面积稍大于空鼓面积，并切割成较规则的形状。然后剔除空鼓的面层，适当清理底层表面，冲洗干净。修补时先在底面及四周刷素水泥浆一遍，随后用与面层相同的拌合物铺设，分三次抹光。如地面有多处大面积空鼓，应将整个面层凿去，重新铺设面层。此种情况可以在施工过程中，通过对施工工艺的严格控制来杜绝，例如：做好基层清理工作、认真洒水湿润、地面和踢脚板施工前应在基层上均匀涂刷素水泥浆结合层，素水泥浆水灰比为 0.4～0.5、踢脚板不得用石灰砂浆或混合砂浆抹底灰，一般可用 1∶3 水泥砂浆等。

墙体裂缝是常见的房屋质量问题之一，房屋裂缝的出现，轻则影响房屋的美观，严重的会影响整个房屋的结构承载力甚至有使房屋倒塌的危险，直接关系到人民的生命财产安全。温度性裂缝对房屋结构安全影响不大，但是裂缝发展到一定程度，承载力削弱也有可能发展成为结构性裂缝。沉降裂缝和结构性裂缝对房屋安全影响比较大。温度性裂缝可以采取增设保温隔热层、在裂缝稳定后用砂浆堵抹等方式进行治理。沉降性裂缝的治理应在裂缝稳定后对裂缝修复。采用水泥砂浆、树脂砂浆填缝或水泥灌浆封闭保护的方法处理。对裂缝有加速趋势的，应及时采取支护措施，减小基础荷载，加固基础后修复。结构性裂缝采用卸载方法减轻墙体荷载、加固补强法等方式对其进行修复。墙体裂缝对于建筑工程的质量有着重要的影响，其预防主要依靠施工过程中的质量控制以及地基设计标准的确定。因此，工程施工前要详细勘察地基情况，通过科学的设计来减少地基沉降，最终确保工程的施工质量。

2.3.2.3　注重施工过程的管理，降低施工质量通病出现几率

施工质量管理不是事后的检验工作，是在施工过程中通过对材料、人员、工艺技术等条件的管理与控制，是一项全员参与的、全过程的控制体系。这需要施工企业从根本上重视质量管理体系的建立与管理，加快质量管理人才培养与引进，加快质量管理系统的建立。通过人才激励与奖惩制度，将质量管理落实到相关部门、指定责任人。另外还要加强工程施工工序交接的监控。前道工序质量经检查签证认可后方能移交给下道工序的过程称为工序质量交接检查。通过工程施工工序交接监控，可以对整个工程施工过程的质量起到一个有力的保障。在工程施工工序交接检查中必须本着每道工序不合格就不能转入下道工序的施工原则进行，这样才能对工程施工质量有所保证。

2.3.2.4　多层居住建筑施工质量通病预防关键

通过上面的论述可以看出，多层居住建筑施工质量通病主要是由于施工材料以及施工过程中人为因素造成的。针对这样的情况，首先，必须加强施工材料控制，从材料入手，预防多层居住建筑施工质量通病。通过对进场材料的控制与检验，保障工程用基础材料的质量。其次，对于混合材料的配比要严格控制，通过现场技术人员以及监理人员的检查，保障施工用混凝土、水泥等材料的使用符合工程要求。另外，施工企业还要健全工程组织机构、完善管理制度、提高技术人才比例。保障施工过程中质量监控体系的正常运行，通过质量控制来监控施工过程中各个质量控制，例如，水泥地面基层的清理，必须经过技术人员确认后方可抹光等。

2.4 别　　墅

别墅是住宅之外用来享受生活的居所，一般是第二居所而非第一居所。现在普遍的认识是，除"居住"这个住宅的基本功能以外，更主要体现生活品质及享用特点的高级住所，现在词义中通常为独立的庄园式居所。在别墅建设中绿地规划和智能化是很重要的两部分。

2.4.1　别墅的绿地规划

别墅区绿地是用以满足业主生活、休闲，并赋予一定的功能与用途的场地。景观是指土地及土地上的空间和物体所构成的综合体。景观规划则是指在较大范围内，为某些具体使用目的安排最合适的地方和在特定地方安排最恰当的土地利用，而对这个地方的设计就是景观设计。别墅区绿地，是专属于业主使用的绿地，是居住区绿地的一种，其规划内容与普通居住小区有许多共性的地方，应按照国家标准《城市绿地规划标准》GB/T 51346—2019 的要求和规定予以进行。此外，作为高档次的居住环境，别墅区的绿地规划也具有一些特殊性，具有其自身的特点。绿地景观设计要突出主题，体现社区深厚的文化底蕴，与设计者的意境和别墅特点紧密结合。

2.4.1.1　规划的意义和依据

别墅区绿地系统规划的意义在于在一定时期内对别墅建设能够起到重要的指导作用，而且按照别墅绿地系统规划营造出的良好居住环境对于提升别墅项目知名度，塑造高品位、高档次的社区文化具有重要的现实意义。别墅绿地系统规划要依据《城市总体规划》《城市绿地系统规划》《居住区环境景观设计原则》的相关要求与规定，并根据房地产开发商的要求及别墅区自身的概况和现状予以规划与设计。

2.4.1.2　规划理念

（1）景观的实用性：景观的空间形成和功能与环境相互协调，能容纳公众多种活动，从物质和精神上引导居民的日常生活。

（2）景观的多样性：在环境保护健康发展的前提下，提供多样的自然环境，开展空间和各种功能设施，为居民提供多种体验和选择性，同时也为各种材料、技术多样性的表达提供了空间。

（3）景观的延续性：在建设中保持与自然环境城市文脉的延续性。

（4）景观的艺术性：运用各种建设要素和当地的自然材料，用艺术的表达构成人文景观，使生活在其中的居民获得艺术享受。

（5）精神享受层面：为业主提供亲近自然、感悟人生、见证成功的多种体验，满足其精神上的享受。

2.4.1.3 别墅绿地规划原则

规划与设计原则包括：资源的有效利用和生态环境保护相结合原则、自然景观和人文景观相结合原则、人性化原则、功能凸现原则、经济合理性原则。

2.4.1.4 规划目标

在综合考虑项目概况、现状及区域发展规划的要求下，设定以下目标：

（1）功能目标：提高绿地使用效率，避免城市交通对绿地使用的干扰，合理分区以满足多种需求。

（2）环境目标：体现别墅区特色，体现自然和谐、天人合一的中国传统环境观，建筑与周围绿地浑然一体。

（3）景观目标：立意新颖、丰富多变的景观。

（4）人文目标：体现开放、包容、进取、高雅的人文目标。

（5）生态目标：体现人与自然共生的理念。

2.4.1.5 规划设计主要内容

在充分利用项目基地自然条件下，进行别墅区绿地系统布局规划和分期发展规划，构筑"点—线—面"一体的绿地系统。合理的绿地布局和设计，近自然的植物景观能有效地降低建筑间的密度、弱化建筑墙体，从而有效衬托出别墅建筑风格和造型，营造出宁静、休闲、舒适的生活氛围。

2.4.2 别墅的智能化

别墅智能化是集现代科学技术之大成的产物。所谓的别墅智能化是指利用现代建筑技术、现代电脑技术、现代通信技术和现代控制技术，根据用户的需求，通过对住宅的结构、设备、服务和管理进行最优化组合，从而为住户提供舒适、安全、便利的人性化居住环境。通过综合配置住宅区内的各功能子系统，以综合布线为基础，用计算机网络管理新型住宅小区。通常别墅的智能化是指以下三个部分：

（1）安全自动化（Safe Automation System，SAS）。包括室内防盗报警系统、消防报警系统、紧急求助系统、出入口控制系统、防盗对讲系统、煤气泄漏报警系统、室外闭路电视摄像监控系统、室外巡更签到系统。

1）室内安全自动化。

住户室内红外线探头、紧急救助、煤气泄漏、门磁系统、所有信息连接到住户室内防盗智能控制主机。该主机负责数据采集、数据分析把分析结果传送到控制中心、由控制中心电脑处理，显示及打印情况、通知值班人员及 110 报警中心；其各部分组成功能如下：红外线防盗探测器在住户室内每个入口及窗口安装红外线探测器，当有人非法进入时，红外线探测器触发报警，将信号传送至室内防盗主机，发出声光信号，主人或保姆等可根据信号报警。煤气泄漏报警及自动关闭门系统在厨房和厕所各安装一个煤气泄漏报警器，一旦有煤气泄漏，即触发报警，其自动切断煤气供应。消防报警系统，在别墅内安装烟感或温感器，当住户发生火灾时，触发报警，并将信号传送到报警中心的紧急救助系统，当家中有紧急事情发生如有重病、有盗贼闯入，需要求助时，按紧急按钮，家庭主机即将信号传至控制中心，值班人员接报后即派人赶赴现场处理。门磁系统，在门框上中央位置安装一对门磁，当有人非法打开大门时，即报警，主机即将信号传至控制中心。

2）室外部分。

① 别墅摄像监控系统。在别墅出入口、主要路口及围墙边绿化带、地面、

地下停车场设有监控摄像机，并可 24h 存储录像，提供证据。

② 周界红外线对射报警系统。在围墙段设周界红外线对射报警系统。当有人非法越栏时，即报警，并触发周界摄像机跟踪摄像及录像。

（2）通信自动化（Communication Automation System，CAS）。包括数字信息网络、语言与传真功能、有线电视、公用天线系统。

1）利用电信网络作为传输网络通信自动化系统有赖于外部网络的建设，如小区综合楼、邮电局设有商业网，光纤直通，传输速度快，效果好，并可提供 ISDN 业务（Integrated Services Digital Network，ISDN）即综合业务数据网。它有四大特点：

① 它是以综合数据电话网（IDN）为基础发展而成的通信网；

② 它支持端到端的数字连接；

③ 它支持电话和非电话各种通信业务；

④ 它提供标准的用户网络接口。

它的最大优点：能在一对普通电话线上为用户同时提供电话、传真、数据和会议电视服务，并有较高的接入速度。

2）利用有线电视网络作为传输网络。

现在别墅住户都接入有线电视，有线电视天威网是一个双向的 HFC 网络，采用频率分割，数字压缩调制技术，除了传送常规的电视信号外还可以进行高速的数据传输，实现图像、数据和语音的三线合一。住户配备（Cable Modem，CM），通过个人电脑可以实现在家进行电子邮件的传递、远程网络登录、股票实时操作、可视电话、传真服务、在宅购物、远程医疗诊断、安全监控、三表自动抄送等。

（3）管理自动化（Management Automation System，MAS）。包括水、电、煤气的远程抄表系统、停车场管理系统、供水、供电设备管理系统、公共信息显示系统。

1）小区自动抄表系统。

近年来电子水表、电子煤气表、电子电表已开发出来，三表的远程抄表系

17

统也日趋成熟。三表输出的脉冲信息由计数器读出，储存于 EPROM 中，再通过网络传输到控制中心，控制中心计算脉冲数量读出三表读数，并打印出来。可以与银行联通，定期通过银行系统扣费，从而实现远程抄表与自动扣费相结合。

2）小区设备管理系统。

现代住宅小区普遍都选用恒压供水系统。这些都为实现别墅设备管理自动化提供了先决条件。通过有关网络，控制中心可显示小区内主要设备如水泵、水池水位、电梯、高低压开关、路灯等的运行状况，并可通过软件控制设备，使设备运行于最经济合理的模式中。当设备发生故障时，控制中心发出声光报警并通知管理人员处理事故。

3　关键技术研究

3.1　SI住宅配筋清水混凝土砌块砌体施工技术

3.1.1　工程特点

（1）在配筋清水混凝土砌块砌体施工中，为避免施工技术局限造成的大量现场切割，与厂家合作完成多种块形设计和深化，达到外立面清水施工效果。

（2）提出90mm高配筋清水混凝土砌块砌体施工技术，砌块块形高90mm、宽190mm、长390mm，组砌方式为上下对扣砌筑，解决了结构受力问题，并达到建筑外观效果。

（3）在砌体砌筑完成后先进行板模及梁模支设，将模板与外墙之间的缝隙进行密封处理，然后进行芯柱混凝土的浇筑，既很好地控制了墙面污染，又加快了芯柱混凝土的施工速度。

（4）在砌筑过程中，砂浆铺灰时采用自制φ8光圆钢筋或自制工具放置在砌块的外侧，防止灰浆流淌污染墙面。

3.1.2　施工要点

把清水砌筑施工作为研究重点，确保配筋砌体的排块准确、砌筑过程中的成品保护到位、砌筑灰缝饱满以及芯柱混凝土达到密实度要求。

3.1.2.1　技术措施及关键创新点

针对混凝土小型空心砌块结构施工技术，提出90mm高配筋清水混凝土砌块砌体施工技术，具体措施为：砌块端部侧面带有竖向销键槽，砌块之间通过砌筑专用砂浆粘结成墙体；利用砌块横肋上的开口，将两砌块以错孔对扣方式组砌，砌块缺口在水平方向形成椭圆形通道，方便配置水平和竖向钢筋，并有利于灌芯混凝土的水平流动，与垂直孔洞内的灌芯混凝土连成现浇混凝土网格结构；在砌块竖向孔洞内灌注混凝土，使混凝土灌满砌体内所有空隙，达到砌块与砌体内的现浇混凝土和钢筋共同受力，使其结构受力机理类同钢筋混凝土剪力墙体系。

3.1.2.2 施工操作要点

施工工艺流程：墙体下楼面凿毛→墙体放线→暗柱钢筋绑扎→砌块排块、摆底→使用专业砂浆砌筑混凝土小型空心砌块→放置和绑扎水平钢筋→清除清扫孔内垃圾→竖向钢筋放置及绑扎→芯柱混凝土浇筑→顶板、圈梁施工→勾缝、喷涂憎水剂。

（1）楼面凿毛墙体放线之前砌筑墙体部位的混凝土板并进行凿毛处理。

（2）墙体放线。

将基础面或楼层结构面按标高找平，依据施工图纸放出第一皮砌块的轴线、墙体边线及门窗洞口线，并经相关人员复核验收后方可进行砌筑。

（3）暗柱钢筋绑扎。

对于构造边缘暗柱及约束边缘暗柱，在砌筑施工前先进行暗柱钢筋的绑扎，避免砌筑完成后由于墙体水平配筋的设置，造成暗柱钢筋绑扎施工困难。

（4）砌块的排块。

主要砌块类型见表 3-1。墙体用砌块主要以 390mm×190mm×90mm 及 390mm×190mm×190mm 系列为通用系列，根据外立面为清水砌块墙面的特点，增加转角砌块、门窗框砌块、窗台砌块、连系梁等砌块。在砌筑施工前根据结构平面图、建筑平面图和立面图画出砌块排块图(图 3-1)，依据排块图进行施工。

主要砌块类型 表 3-1

型号	ST01	ST02	ST03	ST04	ST05	ST06	ST07
块形图							
用途	外墙主砌块	外墙洞口或墙端	外墙洞口半块	外墙七分头	外墙底部清扫口七分头	外墙芯柱底部	外墙芯柱底部一端平
型号	ST08	ST09	ST10	ST11	ST12	ST13	ST14
块形图							
用途	外墙内外墙交接处	外墙芯柱底部半块或内外交接点连接	外墙芯柱底部七分头	外墙窗台下部	外墙窗台下部刻痕砌块半块	内墙主砌块	内墙洞口或墙端
型号	ST15	ST16	ST17	ST18	ST19	ST20	ST21
块形图							
用途	内墙芯柱底部洞口或墙端	内墙洞口、墙端连接	内墙芯柱底部洞口或墙端	内墙芯柱底部	内墙砖芯柱底部七分头	内墙芯柱底部	内墙内外墙交接处

　　砌块应根据模数做到孔对孔、肋对肋，错缝搭接。每层首皮砌块采用带清扫孔砌块砌筑，外墙清扫孔设置在室内一侧，内墙清扫孔交错布置（图 3-2），便于清理芯柱孔内砂浆和芯柱钢筋连接绑扎。

21

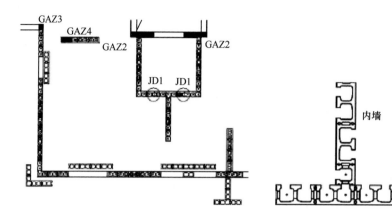

图 3-1　局部砌块的排块示意　　　　图 3-2　首皮带清扫孔砌块

（5）砌块砌筑。

砌筑前对轴线和标高进行复核、校正并立好皮数杆。砌筑时，每个操作工人负责 1～2 条轴线的砌体砌筑，从转角或定位处开始，内外墙同时砌筑；水平灰缝由皮数杆控制，垂直度用拖线板及吊线坠控制，墙面平整度通过在两个转角处挂线控制。砌筑时灰缝应横平竖直，砌体的水平灰缝厚度和竖直灰缝宽度应控制在 8～12mm，一般以 10mm 为宜。全部灰缝均应铺填砂浆，水平、竖直灰缝的砂浆饱满度不得低于 90%；砌筑中不得出现瞎缝、透明缝；砌块应采用双面碰头灰砌筑。需要移动已砌好砌体的砌块或被撞动的砌块时，应重新铺浆砌筑。对墙体表面的平整度和垂直度、灰缝的厚度和饱满度应随时检查，校正偏差。在砌完每一楼层后，应校核墙体的轴线尺寸和标高，允许范围内的轴线及标高的偏差，可在楼板面上予以校正。砌筑高度应根据气温、风压、墙体部位及砌块材质等不同情况分别控制。常温条件下砌块的日砌筑高度控制在 1.8m 以内。外墙砌筑需采取防渗漏及导水等措施，导水孔做法采用油浸麻绳预埋。位置为首层第一皮砌块表面和 2 层以上圈梁表面与上一皮砌块竖向灰缝对应处的砂浆内。导水孔应是由内而外向下倾斜的，贯穿外墙厚度。

（6）墙体水平钢筋施工。

外墙采用 90mm×190mm×390mm 的带 30mm 深凹槽的砌块，上下对扣砌筑，内墙采用 190mm×190mm×390mm 的带 60mm 深凹槽的砌块，内外墙均配置水平钢筋，竖向配置芯柱钢筋。如图 3-3 所示。

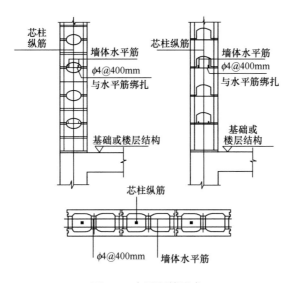

图 3-3 水平配筋示意

施工前根据设计图纸编制钢筋加工单，钢筋加工成型后，按规格分类码放并标明使用部位。钢筋在翻样时注意锚固、搭接长度必须符合设计要求。水平钢筋施工与砌体交叉进行，根据砌筑工程量每段配置若干钢筋工进行墙体水平筋的放置和绑扎。节点构造及搭接、锚固必须符合设计要求，并要求随绑随验收。

（7）砌块芯柱孔清理。

在砌筑完成后将散落在芯柱内的砂浆从底层清扫口清理干净，并用鼓风机将孔内浮灰清除，保证芯柱混凝土与基层结合牢固。

（8）砌块芯柱钢筋。

在基础地面施工时预留芯柱钢筋插筋，芯柱钢筋在楼板面搭接，施工方法是待墙体砌好后由上面插入芯柱钢筋，上部预留与上一层芯柱钢筋的搭接长度。钢筋底部通过清扫口与基础预留钢筋进行绑扎搭接，在芯柱混凝土浇好后立即进行校正工作，保证芯柱钢筋的位置准确。芯柱钢筋在每层墙体的底层清

23

扫口处进行绑扎。

（9）芯柱混凝土施工。

芯柱部位保证芯孔贯通，清除孔洞内散落的砂浆与杂物，校正钢筋位置并绑扎固定后，方可浇灌混凝土。芯柱清理干净后在清扫口处支设模板，将清扫口封堵严密，并防止漏浆。砌筑砂浆必须达到一定强度后（$f \geqslant 1.0$MPa）方可浇灌芯柱混凝土，混凝土坍落度宜大于 200mm。芯柱混凝土应连续浇筑，每浇灌 400～500mm 高度捣实一次，或边浇灌边捣实，严禁灌满一个楼层后再捣实。捣实宜采用钢筋插捣。由于外墙为清水面，芯柱混凝土浇筑前，浇筑部位墙面应覆盖塑料布，防止灰浆污染墙面。浇灌芯柱混凝土时采用专用的浇灌漏斗，防止混凝土散落，污染墙面。灌芯用灰桶及漏斗应放置稳妥，防止翻倒污染墙面。浇筑芯柱混凝土至顶部时，预留 50mm 不浇满，届时和混凝土圈梁一起浇筑，加强芯柱与混凝土圈梁的连接。

（10）成品保护。

对于外墙为清水砌块砌体，在砌块砌筑、芯柱混凝土浇筑、顶板混凝土浇筑等施工过程中，控制各施工作业对砌筑墙面的污染成为成品保护的关键。在砌筑过程中，铺灰时采用自制 $\phi 8$ 光圆钢筋工具放置在砌块的灰缝外侧，防止灰浆流淌污染墙面。在砌筑完成后先进行顶板模板及梁模的支设，将模板与外墙之间的缝隙进行密封处理，然后再进行芯柱混凝土的浇筑，既控制了墙面污染，也加快了芯柱混凝土施工的速度。混凝土施工过程中派专人巡视检查浇筑部位是否漏浆，发现问题及时加固并对污染墙面进行清洗处理。墙体砌筑完成后，对于底部比较容易造成污染的部位进行覆盖保护。

（11）二次勾缝和喷涂憎水剂。

砌筑完成 1 个月后做墙面勾缝，勾缝剂水灰比为（0.20～0.25）∶1。根据天气条件不同略有起伏，拌好的料应抓紧成团落地开花；拌好的勾缝剂超过 3h 不应再使用。勾缝时先勾立缝，后勾水平缝，勾圆角凹缝，缝宽 10mm，缝深 2mm。勾水平缝时用长溜子，一手拿托灰板，一手拿溜子，将灰板顶在要勾的缝口下边，右手用溜子将勾缝剂塞入缝内，灰浆不能太稀，自右向左喂灰，随勾随移动托灰板，勾完一段后，用溜子在砖缝内左右拉推移动，使缝内的砂浆压实、压光、深浅一致；勾立缝时用短溜子，可用溜子将灰从托灰板上刮起点入立缝之中，也可将托灰板靠在墙边，用短溜子将勾缝剂送入缝中，使溜子在缝中上下移动，将缝内的砂浆压实，且注意与水平缝的深浅一致。每步架勾缝完毕后，用笤帚把墙面清理干净，应顺缝清扫，先扫水平缝，后扫立缝，并不断抖掸笤帚上的勾缝剂，减少污染。若墙面污染严重，用清洗剂清理干净。憎水剂施工是最后一道工序，在清水砌块砌体结构施工中可有效防止水分进入和泛碱现象，保护建筑物免受雨季侵扰，防止建筑物产生渗漏现象。憎水剂喷涂前应对建筑物表面的灰尘等污染物清理干净。遇雨天或室外气温低于5℃时应停止施工。遇室外气温过高时，应避免阳光直射部位的施工，以避免蒸发过快影响憎水剂的渗透，降低憎水剂的防水性，阳光直射部位施工应在早晚时段进行，以保证憎水剂的正常功能。憎水剂使用前应检查是否有油脂状离析现象，若油脂状物质不能充分溶解则不能使用。憎水剂应用喷雾器喷均匀，先喷阴阳角等节点，然后再大面积喷涂，要喷涂均匀，不得漏喷。用量 $4\sim5m^2/kg$，分 2 遍均匀喷涂。

3.1.3 小结

配筋清水混凝土砌块砌体施工技术适用于砌块建筑立面丰富多变的特点，使砌块在块形搭配和颜色上接近于早期使用的清水实心黏土砖建筑特点，并形成丰富的清水立面效果。在结构上，提高了配筋清水混凝土砌块砌体的安全可靠度。配筋清水混凝土砌块砌体施工工艺相对简单，人工工效明显提高。在砌块块形和组砌方式做法方面有所创新，不仅达到了建筑的观感要求，同时满足使用功能要求，节能环保，降低了施工成本。砌块的主块形为 190mm×190mm×390mm 及 90mm×190mm×390mm，并配有多种辅助块形，在造型和色彩搭配上比传统黏土砖更加灵活多样，形成了丰富的立面效果。砌块作为墙体材料，取代黏土砖等传统砌体结构材料，就地取材、节约能耗，符合我国珍惜土地、节约能源、保护环境的国策。因此，配筋清水混凝土砌块砌体施工拥有广泛的建筑市场。配筋清水混凝土砌块砌体施工技术在北京某工程项目中得到了充分的应用，工作流程简洁，可操作性强，特别突出了清水砌筑的重点及难点，对以后此结构类型有着良好的借鉴作用。

3.2　SI 住宅干式内装系统墙体管线分离施工技术

3.2.1　工程特点

（1）采用树脂螺栓、轻钢龙骨等架空材料形成双层贴面墙，实现了结构墙体与内装管线的完全分离，极大方便了今后管线设备维修以及未来的内装翻新，有效缓解了墙体不平带来的问题。

（2）完全无水作业，施工现场清洁，并且墙面材料不易发霉。

（3）考虑到外墙内保温冷桥等因素，当墙体部分采用内保温体系时，外墙内侧选用导热系数低的树脂螺栓作为架空层支撑，在喷涂保温材料的情况下，树脂螺栓外表面附有防污粘贴更为适合。树脂螺栓本身也可以作为喷涂厚度的基准。

（4）与常规的水泥找平做法相比，石膏板材的裂痕率较低，粘贴壁纸方便快捷。

3.2.2　施工要点

某工程内装配套系统施工中，把墙体、管线分离施工作为研究点，通过树脂螺栓、轻钢龙骨等架空材料形成双层贴面墙，实现了结构墙体与内装管线的完全分离，极大方便了今后管线设备维修以及未来的内装翻新，有效缓解了结构墙体不平带来的问题。

3.2.2.1　技术措施及关键创新点

针对内装配套系统施工技术，提出干式内装配套墙体管线分离的施工技术，在结构墙体表层粘贴树脂螺栓或安装轻钢龙骨等架空材料，通过调节树脂螺栓高度或选择合适的轻钢龙骨，对墙面厚度进行控制，外贴石膏板，实现管线与结构墙体分离，架空空间用来安装铺设电气管线、开关、插座使用。当外墙采用内保温工艺时，采用导热系数低的树脂螺栓作为架空层支撑，且可作为保温喷涂厚度的依据，充分利用贴面墙架空空间。

3.2.2.2 施工工艺流程

基层墙面清理→测量墙体尺寸→标出墙体中心线等基准线→算出墙壁底材面板所需数量及铺设位置→标出树脂螺栓的安装位置→用黏着剂安装固定，并放置一段时间→线盒定位→稳盒→架空层内明配管→管路固定→喷涂保温材料时，粘贴防尘粘贴→喷涂保温材料→调节高度，安装墙壁底材面板。

3.2.2.3 主要材料

主要材料：（1）SP—N 型树脂螺栓，树脂制品导热系数较铁、铝等低；型号及树脂螺栓调整范围见表 3-2。（2）防污粘贴。（3）湿固化氨基甲酸酯黏着剂（专用黏着剂）及专用螺丝刀。

树脂螺栓调整范围 表 3-2

产品	产品调整范围（mm）
SP—N10	10～17
SP—N17	17～29
SP—N25	25～43
SP—N39	39～57
SP—N70	53～70

3.2.2.4 施工操作要点

（1）基层墙体上所有布线、布管、开关插座位置线标注并经过校验合格。基层墙面清理干净。

（2）测量基层墙体尺寸，标出基层墙体中心线等基准线。

（3）算出墙壁底材面板所需数量及铺设位置，为布设树脂螺栓位置线做准备。

（4）标出树脂螺栓位置线，布置原则为：树脂螺栓间距小于 450mm，在石膏板四周树脂螺栓应加密，加密后间距应小于 225mm。树脂螺栓横向最底行距结构地面 70mm，最顶行距顶板结构面 70mm；遇顶棚吊顶龙骨，需在龙骨位置加密 1 行树脂螺栓，以保证龙骨的牢固性；遇门窗等洞口位置，门窗等洞口周边树脂螺栓应加密，加密后的间距应小于 200mm；遇开关面板单个布置时，开关面板孔洞左右各加 1 个树脂螺栓；遇开关面板 2 个或 2 个以上布置时，开关面板孔洞上下、左右各加 1 个树脂螺栓；阴阳角处应在墙边布置树脂螺栓；遇墙上有挂件（空调等），挂件背面应用其他龙骨固定，在龙骨周围加密树脂螺栓。

（5）在树脂螺栓上涂抹专用黏着剂，按压固定在墙面上。粘好后需 24h 才能达到设计强度。每个树脂螺栓涂抹黏着剂约 10g，要保证黏着剂的涂抹量，保证粘贴强度。当基层墙体厚度不同时，须根据实际选择不同规格型号的树脂螺栓，保证完成面墙体的平整度及垂直度。

（6）待树脂螺栓施工完成后，开始明配电管的安装施工。首先对线盒进行定位，根据施工图弹出 50 线，作为水平方向基准，找平找正，标出线盒的位置。找线盒水平时可用透明塑料管内注水方式，然后将线盒固定在墙体表面。在树脂螺栓或轻钢龙骨等架空材料形成的架空层内明配管敷设，管路连接采用紧定式连接，紧定螺丝已拧紧，并采用专用工具拧断，管与盒连接采用专用丝扣。如图 3-4 所示。

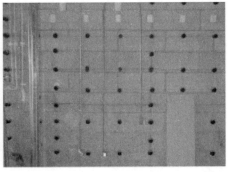

图 3-4　架空层内明配管敷设

（7）管路固定明配导管排列整齐，固定点间距均匀，固定牢固；在终端、弯头中点或柜、台、箱、盘等边缘距离 150 ～ 500mm 内设有管卡或固定支架，中间直线一定距离段设置管卡。墙体配管不允许两层管交叉敷设，会造成墙体架空层高度超出要求范围，两层配管交叉敷设在顶板架空层和架空地板层。

（8）调节树脂螺栓的高度前应先检查黏着强度，确认合格后再进行高度调节。最后将墙壁底材面板（如纸面石膏板）用螺钉固定在树脂螺栓上。树脂螺栓的高度调节决定了完成面的平整度和垂直度。

（9）外墙内侧需喷涂保温材料（如硬泡聚氨酯保温涂料），在喷涂保温材料时，需将防污粘贴贴到树脂螺栓表面上，再喷涂保温材料。

（10）保温材料硬化后，剥离防污粘贴，再调节树脂螺栓的高度，最后将石膏板面板用螺钉固定在树脂螺栓表面上，即可在石膏板面材上涂刷涂料或铺贴壁纸。

3.2.3 小结

建筑结构的使用年限在 70 年以上，而内装物品和设备的使用寿命多为 10～20 年。也就是说在建筑物的使用寿命期间内，最少要进行 2～3 次内装改修施工。在国内，内装多将各种管线埋设于结构墙体、楼板内，当改修内装的时候，需要破坏墙体重新铺设管线，给结构安全带来重大隐患，减少建筑本身使用寿命，同时还伴随着高噪声和大量垃圾。因此，为了提高内装的施工透明度，以及日后设备管线的日常维护检修性能，北京雅世合金公寓工程采用墙体和管线分离技术，在墙体与管线分离施工中使用树脂螺栓大约 65 万个，墙面施工面积约 5 万 m² （含采用树脂螺栓和轻钢龙骨两种架空材料作为支撑构架），明配电管管路为 24 万延米。保证了墙体与管线的分离，完成了 SI 干式内装配套系统的设计和主要性能在中国的首次实践，工程借鉴集合住宅生产工业化的建设经验，对当前中国住宅与房地产行业发展的相关问题探索和解决提供了有益的启示，对推动我国的住宅产业化发展起到积极促进作用。

3.3 装配整体式约束浆锚剪力墙结构
住宅节点连接施工技术

3.3.1 技术特点

（1）通过相关结构及连接节点的系列试验表明，全预制装配整体式剪力墙结构体系连接节点的承载能力和抗震耗能能力与现浇结构体系相当，可满足工程需要。

（2）该体系符合国家建筑工业化和住宅产业化的发展方向，符合国家"低碳经济"和"四节一环保"要求，对推进我国绿色建筑、绿色施工的发展具有重要的示范作用。

（3）该体系能够提高施工效率、降低现场用工量、减少质量通病、降低原材料和周转材料的损耗。构件在工厂内进行产业化生产，施工现场可直接安装，仅预留节点部分进行现浇及注浆作业，方便快捷，可较大地缩短施工工期。其经济和社会效益十分显著。

（4）预制构件在工厂采用机械化生产，产品质量更易得到有效控制。构件外观质量、耐久性等较好，可取消抹灰直接进行精装修作业。

3.3.2 适用范围

根据专家论证意见及相关配套试验验证，全预制装配整体式剪力墙结构体系节点连接施工工法适用于抗震设防烈度为 7 度及以下地区，总高度不应超过 60m，总层数不应超过 18 层的民用建筑工程。

3.3.3 施工要点

装配整体式约束浆锚剪力墙结构体系施工工艺流程如图 3-5 所示。

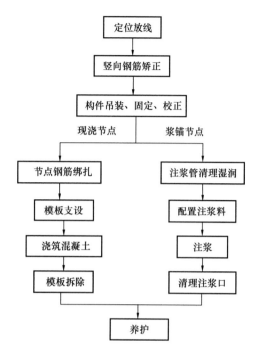

图 3-5 装配整体式约束浆锚剪力墙结构体系施工工艺流程

3.3.3.1 定位放线

使用经纬仪、铅垂仪（或线垂）将主控轴线引测到楼面上，根据施工图，配合钢卷尺、钢尺将轴线、墙柱边线、门窗洞口线、200mm 控制线等用墨线在楼面上弹出。使用水准仪、塔尺在预留钢筋上抄测出结构 500mm 线，用红油漆做好标识。同时在构件下口弹出 500mm 线。

3.3.3.2 竖向钢筋校正

根据所弹出墙线，调整下层墙体伸出的预留钢筋，若下层墙体伸出钢筋位置偏差较大，将该钢筋处混凝土进行剔凿后按 1∶6 调整使其位置正确，便于上层构件注浆管的插入。

3.3.3.3 构件吊装、固定、校正

（1）竖向构件安装。

根据抄测的标高控制线在竖向构件安装部位设置垫片进行找平，垫片厚度

根据水平抄测数据确定。使用塔式起重机进行竖向构件吊装，将构件下口注浆管与预留钢筋一一插入后，根据墙柱定位线用撬棍等将墙柱根部就位准确。构件就位后立即安装斜向支撑固定，调节支撑上的可调螺栓进行垂直度校正，一块墙板构件至少安装 2 根斜向支撑。如图 3-6 所示。

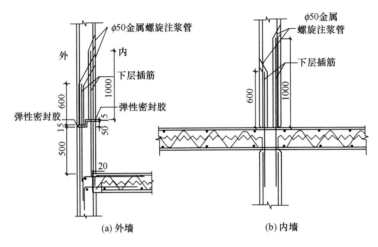

(a) 外墙　　　　　　　　　(b) 内墙

图 3-6　竖向连接节点构造

（2）水平构件安装。

吊装水平构件前先根据标高线将竖向构件上口找平，使用专用吊具进行吊装，两端搁置长度必须满足要求。在水平构件下部设置垂直可调支撑，调节垂直支撑上的可调螺栓进行标高校正，垂直支撑数量、间距根据构件大小及质量确定。如图 3-7 所示。

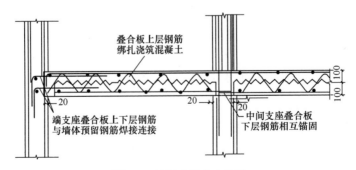

图 3-7　墙板连接节点构造

3.3.3.4 现浇节点施工

（1）节点钢筋绑扎。

竖向构件间现浇节点钢筋及水平构件叠合板上层钢筋等绑扎前，应对预留钢筋进行校正，确保钢筋的规格、形状、尺寸、数量、锚固长度、接头设置等必须符合设计要求和施工规范。钢筋连接采用搭接，对于搭接长度不满足要求的钢筋可采用焊接连接。叠合板上层钢筋要与墙板上预留插筋位置对应并绑扎牢固。

（2）节点模板支设。

节点模板可选用竹胶板、覆膜板等，能使浇筑后的现浇节点观感达到清水混凝土效果。模板及其支架应具有足够的承载能力、刚度和稳定性，能可靠地承受浇筑时混凝土的质量、侧压力以及施工荷载。模板的拼缝及与预制构件接触面处应粘贴单面胶或海绵条，确保不漏浆。模板表面应清理干净并涂刷隔离剂，但不得使用影响结构性能或妨碍装饰工程施工的隔离剂。

（3）浇筑混凝土。

竖向构件间现浇节点混凝土应采用高一强度等级的无收缩混凝土浇筑。浇筑前应将节点内及叠合板面垃圾清理干净，将表面松动的石子等清除。提前24h 对节点及叠合面充分浇水湿润，浇筑前 1h 应将积水清除。节点处混凝土应选用 C50、ϕ30mm 振捣棒振捣，振捣要做到"快插慢拔"，并且要上下轻微抽动，以使上下混凝土振捣均匀。振捣时，使混凝土表面呈水平、不再显著下沉、不再出现气泡、表面泛出灰浆为止。

（4）模板拆除。

侧模拆除按模板支设时的相反顺序进行，拆除时应保证混凝土表面及棱角不受损伤。

3.3.3.5 浆锚节点施工

（1）注浆管清理湿润。

将注浆管内及竖向构件与楼地面之间拼缝处清理干净，并浇水湿润。竖向构件与楼地面间缝隙用模板或木方进行围挡，并用钢管顶托等固定牢固。

（2）配制注浆料。

注浆材料选用成品高强灌浆料，应具有大流动性、无收缩、早强高强等特点。1d 强度不低于 20MPa，28d 强度不低于 50MPa，流动度应不小于 270mm。初凝时间应大于 1h，终凝时间应在 3～5h。注浆料投料顺序、配料比例及计量误差应严格遵照产品使用说明书。注浆料搅拌宜使用手持式电动搅拌机，用量较大时也可选用砂浆搅拌机。搅拌时间为 45～60s，应充分搅拌均匀，选用手持式电动搅拌机搅拌过程中不得将叶片提出液面，防止带入气泡。一次搅拌的注浆料应在 45min 内使用完。

（3）注浆。

注浆可采用自重流淌注浆和压力注浆。自重流淌注浆即将料斗放置在高处，利用材料自重及高流淌性特点注入达到自密实效果；采用压力注浆，注浆压力应保持在 0.2～0.5MPa。注浆作业应逐个构件进行，同一构件中的注浆管及拼缝注浆应一次连续完成。

（4）清理注浆口。

构件注浆后在注浆料终凝前应及时清理注浆口溢出的浆料，随注随清，防止污染构件表面。注浆管口应抹压至与构件表面平整，不得凸出或凹陷。

3.3.3.6 养护

叠合板混凝土应在浇筑完毕后的 12h 内对混凝土加以覆盖并保湿养护，不得少于 7d；对掺用缓凝型外加剂或有抗渗要求的混凝土，不得少于 14d。浇水次数应能保持混凝土处于湿润状态。采用塑料布覆盖养护的混凝土，其敞露的全部表面应覆盖严密，并应保持塑料布内有凝结水。混凝土强度达到 1.2N/mm² 前，不得在其上踩踏或安装构件、模板及支架等。注浆料终凝后应进行洒水养护，每天 4～6 次，养护时间不得少于 7d。

3.3.4 质量控制

预制装配整体式剪力墙结构构件允许偏差应符合表 3-3 的规定，且不低于国家现行标准。

预制装配整体式剪力墙结构构件允许偏差　　　　　表 3-3

序号	项目	允许偏差（mm）	检验方法
1	轴线位置	4	钢尺检查
2	垂直度	5	用 2m 靠尺检查
3	标高	±8	水准仪或拉线、钢尺检查
4	截面尺寸	+8，−4	钢尺检查
5	电梯井井筒长、宽定位中心线	+20，0	钢尺检查
6	表面平整度	5	用 2m 靠尺和楔形塞尺检查
7	预埋设施预埋件	8	钢尺检查
8	中心线位置预埋螺栓	4	钢尺检查
9	预埋管	4	钢尺检查
10	预留洞中心线位置	10	钢尺检查

3.4　装配式环筋扣合锚接混凝土剪力墙结构体系施工技术

3.4.1　施工工艺流程

3.4.1.1　施工工艺

采用全预制装配式环筋扣合混凝土剪力墙体系，依照构件拆分及连接节点构造确定本工程预制结构施工工艺流程如图 3-8 所示，在完成下层预制构件吊装及现浇节点、叠合层混凝土浇筑后，再向上施工上一层结构。

3.4.1.2　施工关键点及难点

采用的预制结构主要关键点为：预制构件的工厂制作过程质量控制、运输，预制构件的吊装及临时固定连接措施，施工配套机械的选用，预制结构之间连接节点施工。

存在的难点在于：预制装配构件的临时固定连接方法、校正方法需用工具；装配施工时的误差控制（主要体现在墙板的平面偏差、标高偏差和垂直度偏差的控制和调节）；现浇连接节点的钢筋施工；外脚手架施工，施工工序与

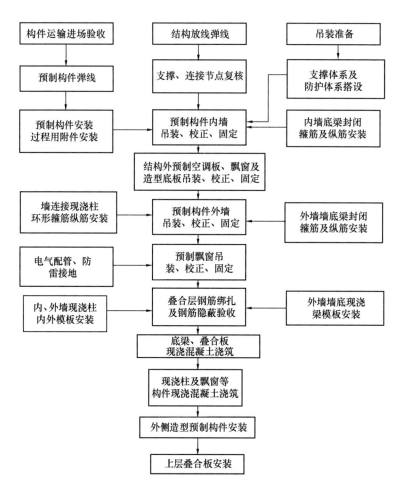

图 3-8　全预制装配剪力墙结构施工工艺流程

施工技术流程控制；成品的保护等。

3.4.2　施工要点

3.4.2.1　构件运输与现场堆放

（1）预制构件运输。

1）混凝土构件厂内起吊、运输时，混凝土强度应符合设计要求。

2）构件支承的位置和方法，应根据其受力情况确定，但不得超过构件承载力或引起构件损伤。

3）构件出厂前，应将杂物清理干净。

4）预制环形钢筋混凝土叠合楼板运输时应沿垂直受力方向设置支撑分层平放，每层间的支撑应上下对齐，叠放层数不应大于6层；预制环形钢筋混凝土楼梯、预制内外墙板运输时应立放。

5）预制构件采用汽车运输，根据构件特点设计专用运输架，并采取用钢丝绳加紧固器等措施绑扎牢固，防止移动或倾倒；相邻两墙板间应放置木枋，对构件边部或与链索接触处的混凝土，应采用衬垫加以保护，防止构件运输受损。剪力墙墙板运输架如图3-9所示。

6）构件运输前，根据运输需要选定合适、平整、坚实的路线，车辆启动应慢、车速行驶均匀，严禁超速、猛拐和急刹车。

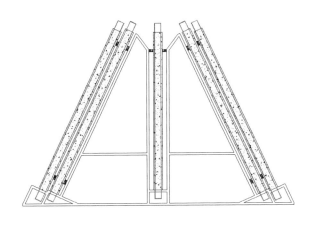

图3-9　墙板运输架

7）在停车吊装的工作范围内不得有障碍物，并应有可满足预制构件周转使用的场地。

8）构件运输要按照图纸设计和施工要求编号运达现场，并根据工程现场施工进度情况以及预制构件吊装的顺序，确定好每层吊装所需的预制构件及此类构件在车上的安放位置，以便于现场按照吊装顺序施工。

（2）预制构件验收。

1）驻预制厂工作人员应当在工厂做好质量把关工作，主要把关内容是预制构件的几何尺寸、钢材及混凝土等材料的质量检验过程，以及构件外观观感及安装配件的预留位置和预埋套筒的有效性。

2）进入现场的预制构件应具有出厂合格证及相关质量证明文件，产品质量应符合设计及相关技术标准要求。

3）预制构件应在明显部位标明生产单位、项目名称、构件型号、生产日期、安装方向及质量合格标志。

4）预制构件吊装预留吊环、预埋件应安装牢固、无松动。

5）预制构件的预埋件、外露钢筋及预留孔洞等规格、位置和数量应符合设计要求。

6）预制构件的外观质量不应有严重缺陷。对出现的一般缺陷，应按技术处理方案进行处理，并重新检查验收。

7）预制构件不应有影响结构性能和安装、使用功能的尺寸偏差。对超过尺寸允许偏差且影响结构性能和安装、使用功能的部位，应按技术处理方案进行处理，并重新检查验收。

8）预制内外墙板尺寸允许偏差及检验方法应符合表 3-4 的相关规定。

预制环形钢筋混凝土内外墙板尺寸允许偏差及检验方法 表 3-4

项目		允许偏差（mm）	检验方法
预留钢筋	中心位置	3	钢尺或测距仪检查
	外露长度	±3	钢尺或测距仪检查
两侧 100mm 范围内平整度		2	2m 靠尺和塞尺检查
长度		±3	钢尺或测距仪检查
宽度、高（厚）度		±3	钢尺或测距仪量一端及中部，取其中较大值
侧向弯曲		$L/1000$ 且≤3	拉线、钢尺或测距仪量最大侧向弯曲处
预埋件	中心位置	3	钢尺或测距仪检查
	安装平整度	3	靠尺和塞尺检查
预埋线盒、预留孔洞位置		3	钢尺或测距仪检查

	项目	允许偏差（mm）	检验方法
预留螺母	中心位置	3	钢尺或测距仪检查
	螺母外露长度	0，-3	钢尺或测距仪检查
对角线差		5	钢尺或测距仪测量两个对角线
表面平整度		3	2m靠尺和塞尺检查
翘曲		$L/1000$	调平尺在两端量测

注：1. L 为构件长度（mm）。

2. 检查中心线位置时，应沿纵、横两个方向量测，并取其中较大值。

9）预制叠合楼板尺寸允许偏差及检验方法应符合表 3-5 的相关规定。

预制环形钢筋混凝土叠合楼板尺寸允许偏差及检验方法　　表 3-5

	项目	允许偏差（mm）	检验方法
桁架钢筋高度		0，3	钢尺或测距仪检查
长度		±3	钢尺或测距仪检查
宽度、高（厚）度		±3	钢尺或测距仪检查
侧向弯曲		$L/1000$ 且≤8	拉线、钢尺或测距仪量最大侧向弯曲处
对角线差		5	钢尺或测距仪测量两个对角线
表面平整度		3	2m靠尺和塞尺检查
预埋线盒	中心位置	3	钢尺或测距仪检查
	安装平整度	3	靠尺和塞尺检查
预埋吊环	中心位置	3	钢尺或测距仪检查
	外露长度	-10，0	钢尺或测距仪检查
预留钢筋	中心位置	3	钢尺或测距仪检查
	外露长度	0，5	钢尺或测距仪检查
预留孔洞位置		3	钢尺或测距仪检查

注：1. L 为构件长度（mm）。

2. 检查中心线位置时，应沿纵、横两个方向量测，并取其中较大值。

10）预制环形钢筋混凝土楼梯尺寸允许偏差及检验方法应符合表 3-6 的相关规定。

预制环形钢筋混凝土楼梯尺寸允许偏差及检验方法　　　表 3-6

项目		允许偏差（mm）	检验方法
长度		±3	钢尺或测距仪检查
侧向弯曲		$L/1000$ 且≤5	拉线、钢尺或测距仪最大侧向弯曲处
宽度、高（厚）度		±3	钢尺或测距仪量一端及中部，取其中较大值
预留钢筋	中心位置	3	钢尺或测距仪检查
	外露长度	0，5	钢尺或测距仪检查
预埋螺母	中心位置	3	钢尺或测距仪检查
	螺母外露长度	0，−3	钢尺或测距仪检查
预埋件	中心位置	3	钢尺或测距仪检查
	安装平整度	3	靠尺和塞尺检查
对角线差		5	钢尺或测距仪测量两个对角线
表面平整度		3	2m靠尺和塞尺检查
翘曲		$L/1000$	调平尺在两端量测
相邻踏步高低差		3	钢尺或测距仪检查

注：1. L 为构件长度（mm）。

2. 检查中心线位置时，应沿纵、横两个方向量测，并取其中较大值。

11）预制混凝土构件外装饰尺寸允许偏差及检验方法除应符合表 3-7 的相关规定外，尚应符合《建筑装饰装修工程质量验收标准》GB 50210—2018 的相关规定。

构件外装饰尺寸允许偏差及检验方法　　　表 3-7

外装饰种类	项目	允许偏差（mm）	检验方法
通用	表面平整度	2	2m靠尺或塞尺检查
石材和面砖	阴阳角方正	2	用拖线板检查
	上口平直	2	拉通线用钢尺或测距仪检查
	竖缝垂直度	2	铅垂仪或吊线用钢尺或测距仪检查
	竖缝直线度	2	拉通线用钢尺或测距仪检查
	接缝平直	3	用钢尺、测距仪或塞尺检查
	接缝宽度	±2	用钢尺或测距仪检查

注：当采用计数检验时，除有专门要求外，合格点率应达到80%及以上，且不得有严重缺陷，可以评定为合格。

12）门窗框与构件整体预制时，门窗框安装除应符合《建筑装饰装修工程质量验收标准》GB 50210—2018 的相关规定外，安装位置允许偏差及检验方法尚应符合表 3-8 的相关规定。

门框和窗框安装位置允许偏差及检验方法　　　　表 3-8

项目	允许偏差（mm）	检验方法
门窗框定位	3	钢尺或测距仪检查
门窗框对角线	3	钢尺或测距仪检查
门窗框水平度	2	水平尺和塞尺检查

注：当采用计数检验时，除有专门要求外，合格点率应达到 80％及以上，且不得有严重缺陷，可以评定为合格。

（3）预制构件存放。

1）堆放构件的场地应平整坚实，并应有排水措施，沉降差不应大于 5mm。

2）预制构件运至现场后，根据施工平面布置图进行构件存放，构件存放应按照吊装顺序、构件型号等配套堆放在塔式起重机有效吊重覆盖范围内。

3）不同构件堆放之间设宽度为 1.2m 的通道。

4）预制剪力墙墙板插放于墙板专用固定架内，固定架采用型钢焊接成型，地锚固定，墙板插放时根据墙板的吊装编号顺序从外至内依次插放，固定架如图 3-10 所示。

5）叠合板采用叠放方式，叠合板底部应垫型钢或方木，保证最下部叠合板离地 10cm 以上；上下层叠合板之间宜沿垂直受力方向设置硬方木支撑分层平放，每层间的支撑应上下对齐，叠放层数不应大于 8 层，叠合板叠放顺序应按吊装顺序从上到下依次堆放，叠合板叠放如图 3-11 所示。

6）构件直接堆放时，必须在构件上加设枕木。场地上的构件应做防倾覆措施，运输及堆放支架数量要具备周转使用；堆放好以后要采取临时固定措施。

图 3-10　剪力墙固定架

图 3-11　叠合板叠放图

7）预制环形钢筋混凝土楼梯堆放时应立放。

（4）运输道路与构件堆场。

1）预制装配构件运输施工道路，考虑吊装车辆及构件车辆的运行，故专门进行设置。按照图 3-12、图 3-13 进行路基施工，路面采用装配式路面，可周转使用，绿色环保。

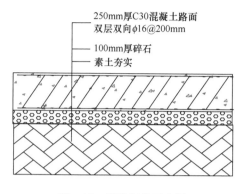

图 3-12 道路制作示意图　　　　　　图 3-13　预制装配道路示意图

2）场地硬化

按照 PC 构件堆放承载及文明施工要求，现场裸露的土体（含脚手架区域）场地需进行场地硬化，做法见图 3-14、图 3-15。

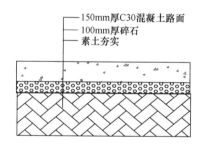

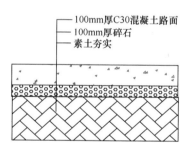

图 3-14　构件堆场硬化示意图　　　　图 3-15　普通道路硬化示意图

3.4.2.2　吊装前准备

（1）对进场检验合格的构件进行构件弹线及尺寸复核，在建筑物拐角两侧的外墙内、外侧弹出轴线平移垂线，按照板定位轴线向左右两边往内 500mm 各弹出两条竖向控制平移线，距离满足测量要求，并且内外线定位一致，作为建筑物整体垂直度及定位的控制线，在外墙内侧弹出各楼层 1000mm 标高水平控制线，要求标高水平控制线与垂直轴线相垂直，并保证构件竖向及水平钢筋的定位满足图纸设计要求及规范允许偏差，可以节省吊装校正时间，也有利

43

于安装质量控制。

（2）预制构件吊装前应根据构件类型准备吊具。剪力墙及楼梯在构件生产过程中留置内吊装杆，采用专用吊钩与吊装绳连接，吊装构件如图 3-16 所示，楼梯吊装示意如图 3-17 所示，叠合板吊装采用 4 个卸扣挂在钢筋桁架上弦纵筋，对称进行吊装。

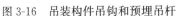

图 3-16　吊装构件吊钩和预埋吊杆　　　　　　图 3-17　楼梯吊装示意图

（3）每块剪力墙上用于墙体垂直度调整及支撑的构件、房屋四周直角相邻构件稳定连接斜撑的连接构件、上层叠合楼板就位支撑构件、外挂外脚手架支撑及拉结连接件等措施性构件在起吊前需要安装到位，以便于后续安装施工进度加快及保证施工质量及安全。

（4）预制构件进场存放后根据施工流水计划在构件上标出吊装顺序号，标注顺序号与图纸上序号一致。

（5）构件吊装之前，需要将连接面清理干净，并将每层构件安装后现浇配筋按照图纸数量准备到位，并做好分类、分部位捆扎，便于钢筋吊装及安装进行。

3.4.2.3　安装定位测量及控制

（1）定位测量控制。

1）预制装配式结构，定位测量与标高控制，是一项施工重要内容，关系到装配式建筑物定位、安装、标高的控制，针对本工程特点，采取控制设计图纸的坐标系统及轴线定位，逐渐引进、逐渐控制。

2）平面控制采用轴线网状控制法，垂直控制，每楼层设置 4 个引测点，通过采用内控和外控相结合的方式进行垂直测量和轴线引测控制，在房屋的首层根据坐标设置四条标准轴线（纵横轴方向各两条）控制桩，用经纬仪或全站仪定出建筑物的四条控制轴线，将轴线的相交点作为控制点。

3）每栋建筑物设标准水准点 2 个，在首层墙柱上确定控制水平线。

4）根据控制轴线及控制水平线依次放出建筑物的纵横轴线，依据轴线放出墙、柱、门洞口及结构各节点的细部位置线和安装楼板的标高线、楼梯的标高线、异形构件的位置线及编号。

5）轴线放线偏差不得超过 2mm，放线遇有连续偏差时，应考虑从建筑物一条轴线向两侧调整。

（2）轴线引测。

1）根据本工程主楼建筑的平面形状特点，通过地面上设置的纵横轴线及测量线形成的控制网，在建筑物的地下室顶板面上设置垂直控制点，控制点设置在厨房烟道、电气管井、电梯井等位置，设立四个控制点，要求控制点所在各楼层位置应有不小于 250mm×250mm 的预留孔作为通视孔，纵横轴线组成十字平面控制网。

2）首层平面定位线依照建筑外侧车库顶板上的定位平移线进行轴线控制，并用水平尺安装垂直度，使之符合规范要求后用斜支撑固定，并对房间内轴线距（内墙皮距离）进行测量，保证垂直度和轴线定位都满足规范要求，并做到最小误差，避免误差积累使总误差或局部误差超标。

3）在第二层楼面叠合板就位后通过地下室固定引测点（留设孔）测量放线。引测时，首先，操作者将激光准直仪架在控制点上，对中调平，楼层上一个操作者将一个十字丝操作控制点放在预留孔上，通过上、下人员用对讲机联络，调整精度，使激光接收靶十字丝和激光准直仪十字丝重合，即在预留孔边做好标记，在混凝土上弹十字黑线，该点即引测完毕。其次，将其他轴线控制点分别引测到同一个楼面上，然后测量员到楼面上用经纬仪将引测好的点分别引出直线，并转角校核，拉尺量距离，准确无误后即可形成轴线控制网，平面控制竖向传递示意图如图 3-18 所示。

（3）高程控制利用全站仪或水准仪配合激光测距仪进行控制，高程控制竖向传递如图 3-19 所示。

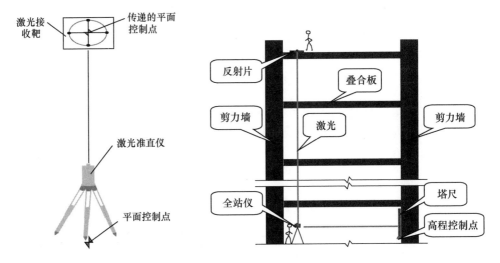

图 3-18　平面控制竖向传递示意图　　　　图 3-19　高程控制竖向传递示意图

（4）建筑物垂直度控制，利用外控方式进行测量控制，构件安装就位找正后，利用水准尺进行单个构件垂直度测量找正，满足规范要求后用斜支撑固定，在建筑外侧，利用轴线平移线进行建筑物整体垂直度的复测和控制，当每层楼的所有构件安装完毕，形成闭合空间结构，在未浇筑立柱及叠合板混凝土之前，对本层构件及整体垂直度进行测量，发现偏差及时进行调整合格后，方可进行混凝土的浇筑。

（5）每块预制构件均有纵、横两条控制线，并以控制轴线为基准在叠合楼板上弹出构件进出控制线、每块构件水平位置控制线以及安装检测控制线。构件安装后楼面安装控制线应与构件上安装控制线吻合。

3.4.2.4 结构安装

工程墙体从地上一层开始安装，整体现浇结构施工至－1.080m位置。地下一层现浇结构分两次进行浇筑，第一次浇筑剪力墙混凝土至板底位置，即－1.080m；然后安装第一层剪力墙结构，安装找正及固定完成后，第二次浇筑顶板混凝土及一层预制墙体水平接缝。然后搭设叠合板临时支撑，安装上层叠合板结构。浇筑剪力墙现浇立柱节点，随后按照剪力墙安装工艺依次进行上层预制构件的安装。现浇结构与装配式结构分隔及连接示意图如图3-20所示。

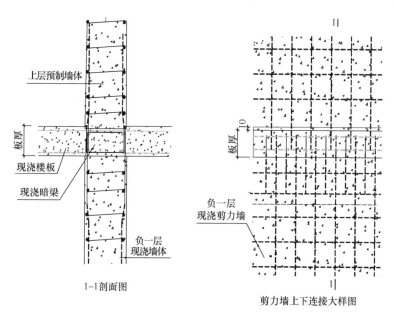

图3-20 现浇结构与装配式结构分隔及连接示意图

（1）墙体安装。

1）墙体吊装。

结构吊装应采用慢起、快升、缓放的操作方式，保证构件平稳放置。

构件吊装时，起吊、回转、就位与调整各阶段应有可靠的操作与施工措施，以防构件发生碰撞扭转与变形。

墙体安装前，需要对墙体标高支承垫块先进行测设，当墙体安装定位线弹完后，开始垫块位置测量工作，外墙板垫块放置位置为外墙板轴线上，内墙板垫块靠边线放置，同一墙板下 2 组垫块对称错开放置，当墙板下超过 3 组垫块时，中间垫块比两边低 1mm。垫块放置厚度按最少垫块数量搭配（如需垫 117mm，按 1 块 100mm、1 块 10mm、1 块 5mm、1 块 2mm 搭配）有利于减少误差和节约垫块，大厚度垫块采用与现浇节点相同强度等级的混凝土进行预制及养护，厚度 10mm 及以下垫块采用聚四氟塑料板或钢板进行配置。

首层墙体吊装前，地下室一层剪力墙混凝土应浇筑至板底位置，地下室顶板模板支架已搭设完成。剪力墙安装后地下室剪力墙顶部预留 U 形钢筋与上部预制墙体钢筋扣合，然后在扣合截面内安装纵向钢筋。

墙体安装顺序：根据结构及户型特点，按户型从远至近依次安装。分户安装时，先内墙吊装、后外墙吊装。吊装前首先在下层墙体下放置液压千斤顶（图 3-21），用于剪力墙标高调整，测量合格后，在垫块测配位置放置垫块支撑墙体，使墙体不下沉为宜，待墙体垂直度及轴线、标高找正及斜支撑固定牢固后，拆除液压千斤顶。

图 3-21 剪力墙标高调节液压千斤顶

剪力墙吊装通过预埋吊杆及专用吊钩进行，当构件起吊至距地 300mm，停止提升，检查塔式起重机的刹车等性能、吊具、索具是否可靠，构件外观质量及吊环连接无误后可进行正式吊装工序，起吊要求缓慢匀速，保证预制墙板边缘不被损坏。

剪力墙构件通过吊具起吊平稳后再匀速转动吊臂，靠近建筑物后由吊装工人用钩子接住缆风绳后，将构件拉到安装位置的上方，当剪力墙吊装吊至作业层上方 600mm 左右时，施工人员协助扶持缓缓下降墙板，使上层墙板下部 U 形钢筋与下层墙板上部 U 形钢筋交错布置，墙体竖向临时支撑在调节液压千斤顶上。

吊装工人按照墙体定位画线将墙板落在初步安装位置（整个调整过程钢丝绳不可以脱钩，还必须承担部分构件重量）。平面位置的调节主要是墙板在平面上进出和左右位置的调节，平面位置误差不得超过 2mm。水平定位调整示意图如图 3-22 所示，左右位置调节与水平定位调节方式相仿。

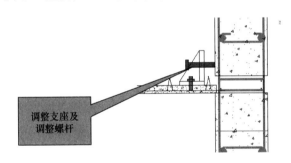

图 3-22　水平定位调整示意图

墙板的水平应进行调节，以上口水平及楼层水平弹线控制为重点，若墙板下口平面位置与下层墙板的上口不一致时，应以后者为准，且在保证垂直度的情况下，尽量使外观保持一致。调节标高必须以墙板上的标高及水平控制线作为控制的重点，标高的允许误差为 2mm，每吊装 3 层必须整体校核一次标高、轴线的偏差，确保偏差控制在允许范围内，若出现超出允许的偏差应由技术负责人与监理、设计、业主代表共同研究解决，严禁蛮干。

2）临时支撑安装。

首层内墙墙体支撑安装：由于地下室顶板为现浇结构板，内墙墙体安装时，临时支撑采用竖向槽钢支撑。外墙外侧支撑采用 18 号槽钢通过预埋螺栓固定在地下室外墙上，槽钢悬挑长度 2m，固定端 3m，每片预制墙体支撑不少于 2 根；内墙支撑采用 18 号槽钢单侧支撑，支撑方法同外墙，槽钢穿楼板位置在楼板上预留洞口，便于槽钢重复利用。

首层外墙墙体内侧支撑与内墙支撑方式相同，外侧为斜支撑，由于 14 号楼周围地下车库±0.000m 底板需要在 14 号楼预制剪力墙结构吊装前浇筑，所以在地下车库顶板浇筑前，在预制外墙斜支撑位置，按照计算好的斜撑角度及距离确定对应预埋支撑底板固定钢板位置，将 δ10 钢板埋件预埋后用于临时斜支撑底部固定。

二层及以上内墙体及外墙内侧安装采用临时斜支撑固定，临时斜支撑底部固定在叠合板上。墙体安装就位后立即安装墙体临时斜支撑，用螺栓将临时斜支撑杆安装在预制墙板及现浇板上的螺栓连接件上，每面墙临时斜支撑数量不少于两个。外墙临时支撑安装在墙体的内侧面，内墙临时支撑安装在墙体的两侧，临时支撑与楼板面的夹角宜在 45°～60°。临时斜支撑如图 3-23 所示，在外墙外侧到上层墙及下层墙体顶侧预埋有内丝埋件，用螺栓将 [10 钢垂直固定，下侧墙固定长度为层高的 1/3，上侧墙为层高的 1/2，将上下两块剪力墙固定在一起，防止外墙向外倾倒。

图 3-23　临时斜支撑安装示意图

利用临时斜支撑杆调节杆，通过可调节装置对墙板顶部的水平位移的调节来控制其垂直度进行调整，并用 2m 靠尺检查墙体垂直度，保证墙板的垂直度满足要求。

为了更好地确定和校正剪力墙墙体的准确位置，操作人员在相邻墙体安装时，可以采用预先加工好的夹具控制相邻墙体在同一平面内，从而最大限度地控制好墙体的安装质量，如图 3-24 所示。

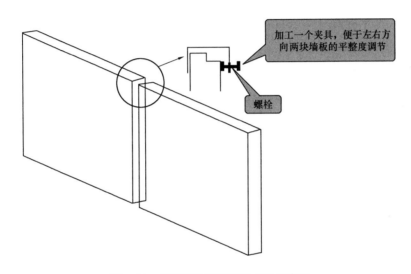

加工一个夹具，便于左右方向两块墙板的平整度调节

螺栓

图 3-24　相邻墙体连接安装夹具示意图

在每一个房间形成四周围护闭合或 L 形、T 形接头结合墙体找正完成后，在两块成直角夹角剪力墙的上端各用 1 个夹具夹住墙体，再用一个连接件作为斜边，将两块剪力墙锁死，形成三角稳定结构，直角角撑连接示意图见图 3-25。

安装外墙板的临时调节杆、限位器应在与之相连接的现浇混凝土达到设计强度要求后方可拆除。

室内隔墙施工前预制构件的永久固定件必须做好防火保护，并做好隐蔽验收。

51

图 3-25　直角角撑连接示意图

（2）楼梯安装。

1）根据施工图纸，弹出楼梯安装控制线，对控制线及标高进行复核。

2）在楼梯段上下口梯梁处铺 20mm 厚水泥砂浆坐浆找平，找平层灰饼标高要控制准确。

3）预制楼梯板采用水平吊装，用专用吊环与楼梯板预埋吊装螺杆连接，确认牢固后方可继续缓慢起吊，待楼梯板吊装至作业面上 500mm 处略作停顿，根据楼梯板方向调整，就位时要求缓慢操作，严禁快速猛放，以免造成楼梯板震折损坏。

4）楼梯板基本就位后，根据控制线，利用撬棍微调、校正，楼梯吊装流程如图 3-26 所示。

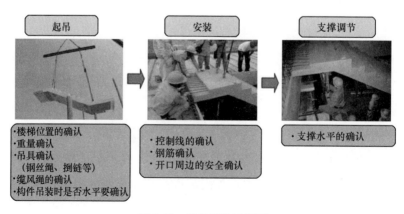

图 3-26　楼梯吊装流程图

（3）叠合梁、板吊装。

1）安装准备。

叠合板吊装前，下层叠合板及墙体水平接缝、竖向接缝已施工完成，板底临时支撑搭设完成。根据施工图纸，检查叠合梁、板构件类型，确定安装位置，并对叠合板吊装顺序进行编号。根据施工图纸，弹出叠合板的水平及标高控制线，同时对控制线进行复核，根据水平及标高控制线在与叠合板连接的墙体或梁上边缘安装楼板临时支撑角钢，支撑角钢采用 $100mm×80mm×6mm$，与墙体（梁）采用螺栓固定，如图 3-27 所示。

图 3-27　叠合楼板临时支撑角钢

2）叠合梁、板吊装。

叠合板吊装时设置四个吊装点，吊装通过板顶部预埋吊环进行，吊点在顶部合理对称布置，制作一个型钢吊装架，使叠合板的起吊钢丝绳垂直受力，防止叠合板吊装时折断。叠合板吊装过程中，在作业层上空 300mm 处略作停顿，根据叠合板位置调整叠合板方向进行定位。吊装过程中注意避免叠合板上的预留钢筋与墙体的竖向钢筋碰撞，叠合板停稳慢放，以免吊装放置时冲击力过大导致板面损坏。叠合板放置到临时支撑角钢上并伸到墙体或梁内不小于15mm。叠合板就位校正时，采用楔形小木块嵌入调整，不得直接使用撬棍调整，以免出现板边损坏。

（4）内隔墙安装。

主要指卫生间及厨房 100mm 厚内隔墙。

1）内外墙水平及竖向现浇节点施工完成后，安装卫生间内隔墙。安装前应在板上弹出内隔墙边线，根据墙体编号依次安装。

2）内隔墙底部应铺 20mm 厚水泥砂浆坐浆层，与周边墙体连接按图 3-28 进行，墙体空隙处采用水泥砂浆填充。

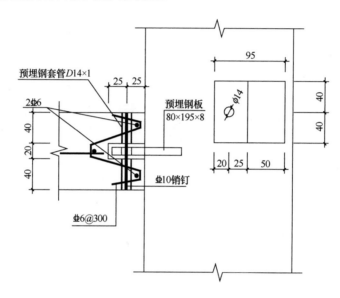

图 3-28　内隔墙安装连接示意图

（5）飘窗及空调板、外装饰构件安装。

1）飘窗安装。

飘窗构件采用整体预制结构，形成 C 形结构，设计下侧板钢筋与剪力墙连接采用浆锚，上侧板钢筋采用叠合后浇锚固方式。连接方式如图 3-29 所示。

飘窗支撑采用安装层下层搭设脚手架支撑方式，计划飘窗安装进度滞后结构 1～2 层安装，在下层结构浇筑 5d 后，搭设下层悬挑脚手架，支撑上层飘窗构件安装，随后在安装好的飘窗上依次搭设两层竖向脚手架，支撑上层飘窗安装，飘窗脚手架支撑示意图如图 3-30 所示。

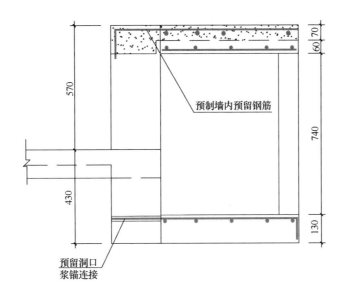

图 3-29　飘窗连接固定方式

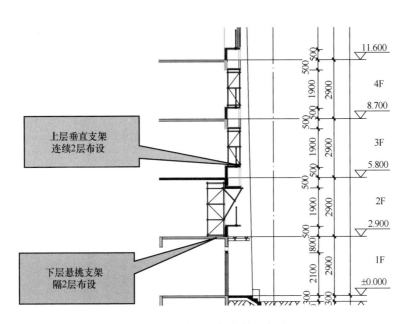

图 3-30　飘窗脚手架支撑示意图

飘窗吊装时，下侧板与上侧板之间用可靠支撑固定，防止吊装过程中，构件出现损坏，吊装采用专用吊架夹具，吊点设置在下层板上进行吊装，支撑构件待飘窗锚固现浇结构达到拆模强度时与支撑脚手架一并拆除。

2）空调板安装。

按照预制剪力墙安装工艺，空调板设置在与楼层板相同标高位置，与上下层剪力墙及同层楼板叠合板形成水平十字接头构造，空调板上叠合层需要与楼板叠合层同时浇筑，并将预留锚固钢筋锚固在现浇暗梁内，因此空调板必须在上层剪力墙吊装前就位，现场安装＋2.900m空调板时采用落地脚手架支撑方式，待＋2.900m层安装完毕后，再依次向上原位搭设脚手架用于空调板支撑，下侧脚手架在现场浇筑混凝土达到拆除模架条件时进行拆除，上层支架依靠下侧空调板自身强度支撑。

3）外装饰造型预制件安装。

外侧立面造型的底板安装方式与空调板的安装方式相同，在底层搭设脚手架支撑上层叠合板构件安装，然后安装外侧C形装饰构件，形成对上侧构件底板的支撑，依次向上搭积木式安装底板与装饰构件。装饰构件安装示意图如图3-31所示。

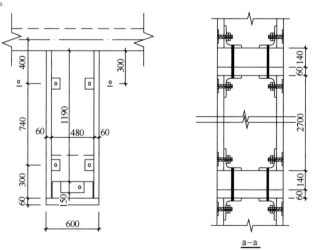

图 3-31　装饰构件安装示意图

（6）现浇节点施工。

1）水平现浇节点。

墙体水平节点钢筋绑扎：每片墙体就位完成后，应及时穿插水平接缝处纵向钢筋，水平纵向钢筋分段穿插，连接采用搭接连接，搭接长度应符合设计要求。填充墙顶部 KL（LL）上部纵向钢筋穿插锚入两边墙体或现浇柱内，钢筋穿插到位后及时绑扎牢固，墙体转角处水平钢筋弯折锚入现浇暗柱内。

叠合板钢筋绑扎：根据设计图纸布设线管，做好线管与预制构件预留线管的连接，待机电管线铺设、连接完成后，根据在叠合板上方钢筋间距控制线进行钢筋绑扎，保证钢筋搭接和间距符合设计要求。同时利用叠合板桁架钢筋作为上层钢筋的马凳，确保上层钢筋的保护层厚度，叠合板之间接缝 200mm 宽，采用预留 U 形钢筋相互扣合，内部穿纵向钢筋，连接构造如图 3-32 所示。

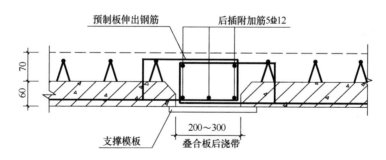

图 3-32　叠合楼板与叠合楼板水平连接构造

卫生间、厨房等位置局部降板处节点构造如图 3-33 所示。

叠合板接缝处模板支撑：接缝处模板采用 300mm 宽钢模板，龙骨采用 40mm×80mm 方钢，竖向支撑采用承插式钢管脚手架支撑或吊模支撑方式。竖向支撑立杆间距 1.2m，水平杆步距 1.8m，与叠合板临时支撑架体连成整体。由于内侧叠合板后浇筑混凝土标高比墙体水平暗梁上面标高高出 10mm，故剪力墙水平构造节点只需要安装外侧模板即可，外模板采用钢模板，采用内

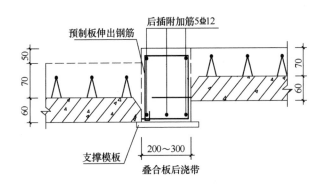

图 3-33　卫生间、厨房等位置局部降板处节点构造

拉式固定。

叠合板混凝土及墙体水平接缝浇筑：对叠合面进行认真清扫，并在混凝土浇筑前进行湿润；首先浇筑上下墙体连接处混凝土，混凝土采用微膨胀混凝土，强度等级比预制墙体混凝土强度高一个等级；叠合板混凝土浇筑时，为了保证叠合板及支撑受力均匀，混凝土浇筑采取从四周向中间对称浇筑，连续施工，一次完成。同时使用平板振动器振捣，确保混凝土振捣密实；根据楼板标高控制线，控制板厚；浇筑时采用 2m 刮杠将混凝土刮平，随即进行混凝土抹面及拉毛处理；混凝土浇筑完毕后立即进行养护，养护时间不得少于 7d。

2）竖向现浇节点。

叠合板浇筑完成，现浇部分混凝土强度达到 1.2MPa 后，可以进行竖向现浇节点施工。节点钢筋、防雷接地跨接、模板完成后，浇筑竖向节点混凝土。混凝土强度等级比预制构件混凝土提高一个等级。混凝土输送采用泵送混凝土，液压布料器布料，振动棒振捣。

（7）外墙板缝保温。

1）外墙板接缝处，预留保温层应连续无损。

2）竖缝封闭前应按设计要求插入同种材质的保温条。

3）外墙板上口水平缝处预留保温条应连续铺放，不得中断。

（8）外墙板缝防水。

1）构造防水。

进场的外墙板，在堆放、吊装过程中，应注意保护其外侧壁保温保护层、立槽、水平缝的防水台等部位，以免损坏。对有缺棱掉角及边缘有裂纹的墙板应立即进行修补，修补应采用具有防水及耐久性的胶粘剂粘合，修补完后应在其表面涂刷一道弹性防水胶。

预制构件与现浇节点平接合面应做成有凹凸的人工粗糙面，预制梁的凹凸不宜小于 6mm，预制板的凹凸不宜小于 4mm。

在竖向现浇暗柱及外墙水暗梁外预制保温及保护层接缝合龙前后，其防水胶棒槽应畅通，竖向接缝封闭前，应先清理防水胶条棒槽，合模时将防水胶棒条安装到位。

在结构外浇筑完成，拆除模板背楞后，在预留接缝防水胶棒填制外侧，打耐候性防水胶条，防水对拉螺杆穿孔处先做防水材料堵漏，再采用同种材料修补外面。

2）材料防水。

应先对嵌缝材料的性能进行检验，嵌缝材料必须与板材粘结牢固，不应有漏嵌和虚粘现象。外墙模板采用防水对拉螺杆固定，防止对拉螺杆穿过处漏水。

3.4.2.5 电气配管

（1）材料准备。

1）对于进入现场的绝缘电工套管应按照制造标准进行抽样检测导管的管径、壁厚及均匀度符合引用标准规定。

2）进入现场的绝缘电工导管的型号规格应符合设计的要求，并随车携带好物资进场报验所需的产品相关的技术文件。

3）钢管及配件内外表面应光滑，不应有裂纹、凸棱、毛刺等缺陷。穿入电线时，套管不应损伤电线、电缆表面的绝缘层，壁厚应均匀。

4）钢管壁厚均匀，焊缝均匀、无劈裂、砂眼、棱刺和凹扁现象，并有产品合格证，镀锌钢管内外镀层应良好、均匀，无表皮剥落、锈蚀现象。

5）进入现场的接线盒应随批携带产品合格证、产品检测报告及氧指数鉴定报告。

6）用软塑固定塞来安装的接线盒，其固定塞应用耐老化的软塑料制成，且应与接线盒体开口平面平齐。

（2）暗配管施工工艺。

1）工艺流程，见图3-34。

图 3-34　暗配电气管施工工艺流程图

2）关键工序技术。

绝缘导管的管口应光滑，管与管、管与接线盒（箱）等器件采用插入法连接时，连接处结合面涂专用胶粘剂，接口牢固密封。胶粘剂不应过期。

暗敷设的硬质绝缘套管在穿出楼板容易受到机械损伤的一段应采取加套管、加保护盒子和密封等措施。

当设计无要求时，埋于墙体或混凝土内的绝缘导管采用中型以上的导管。

绝缘导管敷设时的环境温度不应低于绝缘导管使用温度要求。

绝缘导管暗敷设于混凝土中时，应采用符合规格的弯曲弹簧弯曲绝缘导管，绝缘导管的弯曲半径不应小于10D。

绝缘导管的连接应牢固。

暗敷设于顶板内塑料管进入接线盒应垂直，一管一孔，进入接线盒箱的长度不应超过5mm；绝缘导管应在接线盒箱两端300mm以内，绝缘导管弯曲处、直线段每隔1m应将接线盒、绝缘导管进行固定。接线盒口应与楼板、墙体装饰面平齐。

敷设于多尘和潮湿场所的管口、管子连接处均应做密封处理。

暗配的电线管路沿最近的路线敷设,并应减少弯曲;埋入墙或混凝土内的管子,离建筑物、构筑物表面的净距必须不小于 15mm。

管径在 25mm 以下时,使用手扳撬管器撬弯,切断管子时可使用钢锯、砂轮锯切断,断口处平齐不可歪斜,管口刮铣光滑,无毛刺。

根据设计施工图,确定盒箱实际的轴线位置,以土建弹出的轴线与水平线为基准,拉线找平,线坠找正,标出盒、箱的具体位置,实际尺寸位置,要了解各室(厅)地面构造,留出余量,使用盒、箱的外盖底边的最终地面距离符合施工规范规定。

在现浇墙板时,将盒、箱堵好,加支铁绑接在钢筋上,绑接必须牢固,防止移位,管路配好后,在土建浇灌混凝土之前管口应堵好。

暗配管的路径应沿最近的线路敷设,管路超过下列长度的应加接线盒,其位置应便于穿线:无弯曲时不能大于 30m,有一个弯曲时不能大于 20m,有两个弯曲时不能大于 15m,有三个弯曲时不能大于 8m,管子弯曲半径要大于管外径的 10 倍,弯扁度不得大于管径的 1/10,如图 3-35 所示。

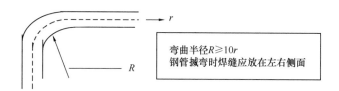

弯曲半径 $R \geqslant 10r$
钢管撬弯时焊缝应放在左右侧面

图 3-35 电气配管弯曲示意图

电管进入灯头盒、开关盒、接线盒及其他电箱时,暗配管应焊接牢固,管口露出管应小于 5mm,用锁母线连接,锁紧螺母,两根以上管入盒箱要长短一致、间距均匀、排列整齐。

管子敷设时不应紧贴内模板,其混凝土保护层厚度不应小于 15mm。

3)电气暗配管成品保护。

暗敷设在建筑物内的管路、灯位盒、接线盒、开关盒和木套,应在土建过

61

程中预埋，不能留槽剔槽、剔洞，敷设在建筑物内的管路不能破坏其结构强度。埋在结构中的盒、箱，在拆模后应用铁盖板保护，以免土建施工污染。配好电管后，凡向上的立管和现浇混凝土内的管、盒，应加强成品保护，在浇灌混凝土时，安排专人看护不能使管、盒移位。结构中伸入后砌墙的电管不能过长，注意保护，以免损坏。

4）电气暗敷设注意的质量问题。

锯管管口不齐，出现马蹄口。锯管时人要站直，持锯的手背和身体成90°角，和管子垂直，手腕不能颤动。检查板牙有无掉牙，套丝时要边套边加润滑油。管子弯曲半径小，不能出现弯扁、凹穴、裂缝现象。用手动弯管器时，要正确放置好管焊缝位置，弯曲时逐渐向后移动弯管器，不能操之过急。管子入盒时，不进行固定，不带护线帽。管与器具连接时，必须用锁紧螺母固定，焊接连接时应用塑料内护口。暗配在混凝土内的管子，拆模时应外露。暗配在混凝土内的管子应将管子敷设在底筋上面，使管路与混凝土表面距离不小于15mm。

3.4.3 质量控制

（1）预制构件的外观质量不应有严重缺陷。对已经出现的严重缺陷，应按技术处理方案进行处理，并重新检查验收。

检查数量：全数检查。

检验方法：观察，检查技术处理方案。

（2）预制构件不应有影响结构性能和安装、使用功能的尺寸偏差。对超过尺寸允许偏差且影响结构性能和安装、使用功能的部位，应按技术处理方案进行处理，并重新检查验收。

检查数量：全数检查。

检验方法：量测，检查技术处理方案。

（3）预制墙板安装允许尺寸偏差，当设计无具体要求时，应符合表3-9的规定。

预制墙板安装允许尺寸偏差及检验方法 表 3-9

项目	允许偏差（mm）	检验方法
单块墙板水平位置偏差	5	基准线和钢尺检查
单块墙板顶标高偏差	±3	水准仪或拉线钢尺检查
单块墙板垂直度偏差	3	2m靠尺和塞尺检查
相邻墙板高低差	4	2m靠尺和塞尺检查
相邻墙板拼缝偏差	±3	钢尺检查
相邻墙板平整度偏差	4	2m靠尺和塞尺检查
建筑物全高垂直度	$H/2000$	经纬仪

（4）预制叠合板安装允许尺寸偏差，当设计无具体要求时，应符合表 3-10 的规定。

预制叠合板安装允许尺寸偏差及检验方法 表 3-10

项目	允许偏差（mm）	检验方法
预制叠合板类构件搁置长度偏差	0，3	基准线和钢尺检查
安装标高	±3	水准仪或拉线钢尺检查
单块叠合楼板类构件水平位置偏差	5	基准线和钢尺检查
相邻高低差	3	水准仪或拉线、钢尺检查
相邻平整度	4	2m靠尺和塞尺检查

（5）预制楼梯安装允许尺寸偏差，当设计无具体要求时，应符合表 3-11 的规定。

预制楼梯安装允许尺寸偏差及检验方法 表 3-11

项目	允许偏差（mm）	检验方法
单块楼梯板水平位置偏差	5	基准线和钢尺检查
单块楼梯板标高偏差	±3	水准仪或拉线、钢尺检查
相邻楼梯板高低差	2	2m靠尺和塞尺检查

（6）预制构件拼缝处防水材料必须符合设计要求，并具有合格证及检测报告。必要时应提供防水密封材料进场复试报告。

拼缝处密封胶打注必须饱满、密实、连续、均匀、无气泡，宽度和深度符合要求，胶缝应横平竖直、深浅一致、宽窄均匀、光滑顺直。

3.4.4 安全措施

（1）严格执行国家、行业和企业的安全生产法规和规章制度。认真落实各级各类人员的安全生产责任制。

（2）建立健全安全施工管理、安全奖罚、劳动保护、工作许可证制度，明确各级安全职责，检查督促各级、各部门切实落实安全施工责任制；组织全体职工的安全教育工作；定期组织召开安全施工会议、巡视施工现场，发现隐患，及时解决。

（3）定期检查电箱、电线和使用情况，发现漏电、破损等问题，必须立即停用送修。所有用电必须采用三级安全保护，严禁一闸多机。

（4）构件运输车辆司机运输前应熟悉现场道路情况，驾驶运输车辆应按照现场规划的行车路线行驶，避免由于司机对场地内道路情况不熟悉，导致车辆中途陷车、行进中托底、无法掉头等问题，而造成可能的安全隐患。

（5）预制构件卸车时，应首先确保车辆平衡，并按照一定的装卸顺序进行卸车，避免由于卸车顺序不合理导致车辆倾覆等安全隐患。

（6）预制构件卸车后，应按照现场规定，将构件按编号或按使用顺序，依次存放于构件堆放场地，严禁乱摆乱放，防止构件倾覆等安全隐患，构件堆放场地应设置合理稳妥的临时固定措施，避免构件存放时固定措施不足而存在的可能的安全隐患。

（7）安装作业开始前，应对安装作业区进行围护并树立明显的标识，拉警戒线，并派专人看管，严禁与安装作业无关的人员进入。

（8）施工单位应对从事预制构件吊装的作业人员及相关从业人员进行有针对性的培训与交底，明确预制构件进场、卸车、存放、吊装、就位等环节可能存放的作业风险，以及如何避免危险出现的措施。

（9）吊装指挥系统是构件吊装的核心，也是影响吊装安全的关键因素。现场应成立吊装领导小组，为吊装制定完善的指挥操作系统，绘制现场吊装岗位设置图，实行定机、定人、定岗、定责任，使整个吊装过程有条不紊地顺利进行，避免由于指挥失当等问题而造成的安全隐患。

（10）吊装作业开始后，应定期、不定期地对预制构件吊装作业所用的工器具、吊具、锁具进行检查，一经发现有可能存在的使用风险，应立即停止使用。

(11）吊机吊装区域内，非操作人员严禁入内。吊装时操作人员精力要集中并服从指挥号令，严禁违章作业。施工现场使用吊车作业时严格执行"十不吊"的原则。

3.4.5 环保措施

（1）装配式结构施工过程，根据《环境管理体系　要求及使用指南》GB/T 24001—2016 等，明确环境管理目标，建立环境管理体系，严防各类污染源的排放。

（2）深入广泛开展施工环境管理，划分责任区并定期组织检查，同时设立环境保护奖罚制度；大力宣传绿色施工、文明施工，提高全员积极性、主动性。

（3）将施工场地和作业限制在工程建设允许的范围内，合理布置、规范围挡，做到标牌清楚、齐全，各种标识醒目，施工场地整洁文明。

（4）在施工现场应加强对废水、污水的管理，现场应设置污水池和排水沟。废水、废弃涂料、胶料应统一处理，严禁未经处理而直接排入下水管道。

（5）在预制构件安装施工期间，应严格控制噪声，遵守《建筑施工场界环境噪声排放标准》GB 12523—2011 的规定，加强环境保护意识的宣传。采用有力措施控制人为的施工噪声，严格管理，最大限度地减少噪声扰民。

（6）现场各类材料分别集中堆放整齐，并悬挂标识牌，严禁乱堆乱放，不得占用施工临时道路，并做好防护隔离。

3.5 地源热泵施工技术

地源热泵以土体、地下水或地表水为低温热源，由水源热泵机组、地热能交换系统、建筑物内系统组成。能耗仅为常规系统的 25%～35%。

3.5.1 工作原理

地源热泵工作原理图见图 3-36。

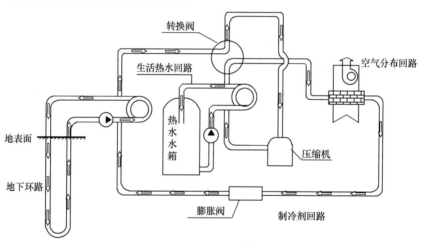

图 3-36 地源热泵工作原理图

通过钻井的方法将高密度的 PE 竖直管埋入设计需要的换热深度，室外水平埋管采用直埋方式进行敷设；楼板内埋管采用 PB 管辐射。竖直埋管与水平埋管均作为地源热泵的换热器，然后通过热泵机组带动地埋管管内循环介质（水），达到冷、热交换的目的。

3.5.2 工艺流程

地埋管施工流程见图 3-37。

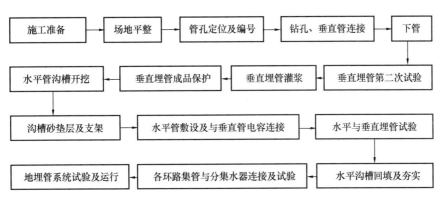

图 3-37 地埋管施工流程图

3.5.3 施工要点

（1）地埋管系统施工程序主要由钻孔、垂直 PE 管连接与试验、下管、灌浆、水平沟槽开挖、水平 PE 管敷设以及与垂直 PE 管连接及试验、沟槽回填、地埋管系统试验、地源热泵系统试运行等工序组成。上一道工序未经验收合格后，不得进行下一道工序施工。

（2）整个地埋管系统属于永久性的隐蔽工程，每个环节、每道工序都必须严把质量关。其施工过程应做到每道工序必须完成到位，每个钻孔必须建立完整和真实的施工记录并及时归档。

3.6 顶棚供暖制冷施工技术

顶棚供暖制冷是将聚丁烯盘管敷设在顶部混凝土楼板内，通过冷热水的控温，保持室温恒定在 20～26℃，使住宅像人体一样调节温度。

3.6.1　工作原理

　　建筑物在当地气候条件下，在没有供暖制冷设备的调节下，都有一个自身的室内温度，这一温度被称为室内自由温度。供暖制冷设备的工作温度与室内自由温度的差值越小，设备的负荷强度就越低，设备的能耗也就越低。顶棚低温辐射供暖制冷系统正是这样一种低能耗供暖制冷设备，该系统利用不同温度的物体间会发生热传递的原理，以辐射而不是对流作为热的主要传递方式，它依靠本身接近人体舒适温度的辐射来营造室内整体温度，使房间冬季温暖，夏季凉爽。

3.6.2　工艺流程

　　顶棚供暖制冷工艺流程见图 3-38。

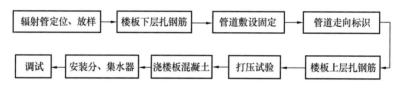

图 3-38　顶棚供暖制冷工艺流程

3.6.3　施工要点

　　在楼层模板搭设完毕后，根据图纸，在模板上标出管道铺设位置及走向，待楼板底层钢筋铺设完毕后，进行管道铺设；管道铺设时一定要平直，不允许有死弯，铺设后，用塑料捆扎带将管道固定在底层钢筋上，每隔 20～30cm 设一个捆扎点，管道全部捆扎完毕后，将捆扎带多余的部分全部剪掉，以免影响混凝土浇筑。

　　当管道遇到穿梁，或其他有可能伤害管道的物体时，应在管道外套上波纹护套管，以保护管道不受外力破坏；盘管接至集、分水器处需要出混凝土地面，在管道外套上波纹护套管，以免管道受到损伤。

当管道铺设间距小于 10cm 时，每隔一根管道套上波纹护套管，以免该处楼板温度太低，而造成室内结露。

顶棚内敷设 PB 管道由于质量要求高，施工难度大，为确保管道敷设满足要求，在正式施工前先进行样板段施工，经设计、施工、监理及管材厂家技术人员进行验收确认后才可作为正式施工的依据。

3.7 置换式新风系统施工技术

置换式新风系统由风机、进风口、排风口及各种管道和接头组成。送入室内空气经过了除尘、温度及湿度处理，不开窗也能享受高品质的新鲜空气。

3.7.1 工作原理

新风都从房间下部送出，新风以非常低的速度和略低于室内温度的温度充满整个房间。所谓的低速，就是不产生气流和风感。居住者和其他室内热荷载加热新风，产生上升的气流。这种方式产生的暖气流带着新鲜空气流入人的鼻子，带走了身上的汗味、人呼出的废气及其他混浊气体，最后到达房间的顶部，在那里从排气孔排出。为了节省空气，起居室和卧室中的气体被排送到厨房、卫生间和浴室。一则使厨卫保持负压状态，二则在那里产生强大的换气，带走所有污浊气体和潮湿气体。

3.7.2 工艺流程

置换式新风系统工艺流程见图 3-39。

3.7.3 施工要点

新风管道穿越墙上和楼板时需要设预埋套管以保护新风管道，防止新风管道变形。

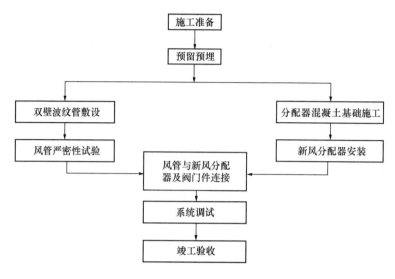

图 3-39 置换式新风系统工艺流程

新风管道穿新风分配器混凝土基础须做刚性套管,防止新风分配器的重量下压和新风分配器的震动造成风管的变形和脱落。

新风管道连接和敷设是确保新风管道质量、送风效果以及管道洁净度的关键控制点。

新风管安装完毕,且在风管隐蔽之前,应进行风管的检漏试验。

3.8 智能家居系统

智能家居是将各种与信息相关的通信设备、家用电器和家庭保安装置,通过网络技术连接到一个家庭智能化系统上进行集中的或异地的监视、控制和家庭事务性管理,并保持这些交通设施与住宅环境的和谐与协调。

人们对智能网络化家庭环境的要求是:安全舒适、轻松方便、节约能源。人们要实现自己的梦想,最基本的条件是:家庭中各种独立的设备就必须集成在一个统一的家庭网络中。这样的一个家庭要求所有可能的设备完全网络化控制。不管一个家庭中的电子设备之间是如何互相通信的，它们必须通过一个交通网络连接起来。在不久的将来，没有家庭网络与一定智能化程度的房屋就如同现在没有 PC 的家庭一样过时。

A11A12 高档别墅型住宅小区对智能家居的设计及施工，最大程度地满足了现代人们智能化生活的需求。

3.8.1 设计特点

针对像 A11A12 这类高档别墅型住宅小区，我们的设计理念是：

灵活性——系统硬件及软件易于改变与扩展，可通过计算机软件直接更改其功能及所控制负载的回路，而不必重新布线，如扩充系统也只需经新增设备与就近的旧设备简单地通过线缆连接即可。

易维护性——系统可通过远程登录的方式对系统进行维护及修改设置；系统采用分布式布线结构，任何一个节点出现问题都不会影响到其他方面。

节能——因实现了照明管理的自动化及集中监控，减少了常明灯，且通过手动和传感器自动调光降低电能的消耗，达到了节能的目的。

延长灯具寿命——系统对调光灯具采用软启动、软关闭技术，避免启动和关闭时对灯丝的瞬间冲击，从而延长了灯具的寿命。

模块化设计——系统元件均为模块结构，节约用户的备件费用。

智能化——系统通过与计算机相连，实现相互自动控制等（如保安系统发现某区域有非法闯入者，可让该区域照明灯自动打开，使非法闯入者无处藏身）。

安全、可靠——用户所能接触到的输入键内只用 12～15VDC 的弱电通过，保证用户的人身安全，且输入键所控制的负载的容量没有要求，不会因其控制的容量太大而像普通的墙壁开关那样打火、拉弧。系统具有自检测功能及自我保护功能，如遇电压过高、雷击电流过大等特殊情况不会损坏产品，不会使用户产生损失，保证系统可靠运行。

简单、灵活方便——系统软件界面友好、易懂，通过软件可以自定义修改控制按键显示的名称，随意设置出对某回路照明的双控、多控功能，并可将某输入键设为某层或某房间的总开关，联动窗帘、背景音乐、电器等其他子系统。

兼容性好——智能系统对外的通用接口多样，如 RS232、RS—485、红外信号等，以便各种家用电器设备的接入及与物业控制系统的连接。

新功能扩展性好——智能系统具有二次开发的空间，以便进行新的功能扩展。

网络互联——智能系统能与网络家电互联（如网络电视等）。

远程维护——主要的智能系统能实现远程维护（如业主需要改变程序时，可使用特殊的维护用户名和密码，通过 Internet 网络就可将新程序输入）。

控制功能强大——系统能完成定时控制、传感器控制、逻辑判断等多种控制功能。

控制方式多样——手动控制，不影响传统使用习惯，手动也可以进行操作控制，并可以进行调光、调音量等操作；本地遥控控制，在家里，用一个智能遥控器把全部设备控制起来，使日常生活变得更加方便、快捷，一手掌控全局；电话远程控制，使用任何一部电话、手机均可远程操作全宅的灯光、窗帘、家电，随时随地，家就在身边；互联网控制，无论你在何处，都可以通过互联网来观察家中设备状态，并可以进行开关灯光、调光、控制窗帘、启动或解除警戒、修改或编制系统执行程序等所有操作。

3.8.2 结构形式

（1）智能家居系统概念见图 3-40。

（2）智能家居系统户内配置见图 3-41。

（3）智能家居网络结构见图 3-42。

（4）智能家居网络系统应用见图 3-43。

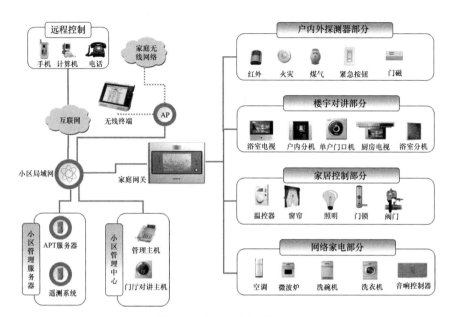

图 3-40 智能家居系统概念

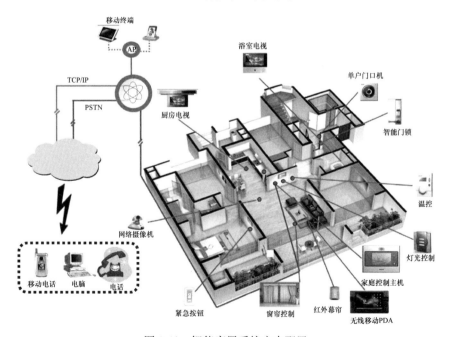

图 3-41 智能家居系统户内配置

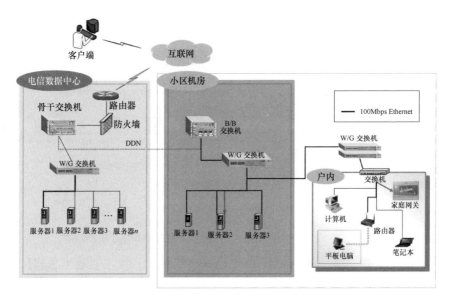

图 3-42　智能家居网络结构

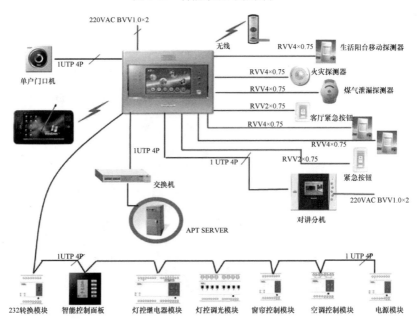

图 3-43　智能家居网络系统应用

3.8.3 施工要点

3.8.3.1 线缆敷设

（1）线缆敷设流程见图 3-44。

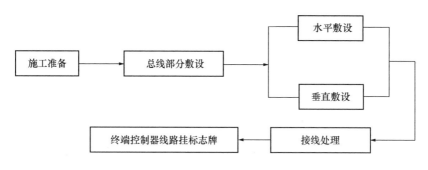

图 3-44 线缆敷设流程

（2）施工准备。

1）施工前应对电缆进行详细检查，规格、型号、截面、电压等级均须符合要求，外观无扭曲、损坏等现象。

2）电缆敷设前进行绝缘测定。用 1kV 摇表遥测线间及对地的绝缘电阻不低于 10MΩ。由于智能家居设备工作电压多为 12V，所以遥测完毕后，应将芯线对地放电。

3）电缆测试完毕，电缆端部应用橡皮包布密封后再用黑胶布包好。

4）电缆敷设机具的配备：采用机械放电缆时，应将机械安装在适当位置，将钢丝绳和滑轮安装好。人力放电缆时将滚轮提前安装好。

5）临时联络指挥系统的设置：

① 线路较短的电缆敷设，可用无线电话对讲机作为联络。

② 高层建筑内智能家居通信总线电缆敷设时，可用无线电话对讲机作为定向联络，简易电话作为全线联络，手持扩音喇叭指挥（或采用多功能扩大机，它是指挥放电缆的专用设备）。

③ 在桥架上多根总线电缆敷设时，应根据现场实际情况，事先将电缆的

75

排列用图或表标示出来，以防电缆交叉和混乱。

④ 电缆的搬运及支架架设。

电缆短距离搬运，一般采用滚动电缆轴的方法，滚动时应按电缆轴上箭头指示方向滚动。如无箭头时，可按电缆缠绕方向滚动，切不可反缠绕方向滚动，以免电缆松弛。

电缆支架架设地点的选择，以敷设方向为原则，一般应在电缆起止点附近为宜。架设时，应注意电缆轴的转动方向，电缆引出端应在电缆轴的上方。

6）通信总线敷设：

布放通信总线的牵引力，小于电缆允许张力的 80%。对直径为 0.5mm 的双绞线，牵引拉力不能超过 100N；直径为 0.4mm 的双绞线，牵线力不能超过 70N。

水平敷设：电缆沿桥架或线槽敷设时，应单层敷设，排列整齐不得有交叉、拐弯处应以最大截面电缆允许弯曲半径为准。电缆严禁绞拧、护层断裂和表面严重划伤。电缆转弯和分支应有序叠放，排列整齐。

垂直敷设：垂直敷设，有条件时最好自上而下敷设。敷设时，同截面电缆应先敷设底层，后敷设高层，应特别注意在电缆轴附近和部分楼层应采用防滑措施。自下而上敷设时，底层小截面电缆可用滑轮大绳人力牵引敷设，高层、大截面电缆宜用机械牵引敷设。沿桥架或线槽敷设时，每层至少加装两道卡固支架。敷设时应放一根，立即卡一根。电缆穿过楼板时，应装套管，敷设完后应将套管与楼板之间的缝隙用防火材料堵死。

挂标识牌：标识牌规格应一致，并具有防腐功能，挂装应牢固。标识牌上应注明回路编号、规格、型号及电压等级和敷设日期。沿桥架敷设电缆在其两端、拐弯处、交叉处应挂标识牌，直线段应适当地设标识牌，每 2m 挂一个标识牌，施工完毕做好成品保护。

（3）电缆（线）的敷设。

在智能化系统中，大多数信号型号都是直流电压、电流信号或数字信号，故对电缆（线）的敷设工作应注意以下几点：

1）电缆敷设必须设专人指挥，在敷设前向全体施工人员交底，说明敷设电缆的根数、始末端的编号、工艺要求及安全注意事项。

2）敷设电缆前要准备标识牌，标明电缆的编号、型号、规格、图位号、起始地点。

3）在敷设电缆之前，先检查所有槽、管是否已经完成并符合要求，路由与拟安装信息口的位置是否与设计相符，确定有无遗漏。

4）检查预埋管是否畅通，管内带丝是否到位，若没有应先处理好。

5）放线前对管路进行检查，穿线前应进行管路清扫、打磨管口。清除管内杂物及积水，有条件时应使用 0.25MPa 压缩空气吹入滑石粉，以保证穿线质量。所有金属线槽盖板、护边均应打磨，不留毛刺，以免划伤电缆。

6）核对电缆的规格和型号。

7）在管内穿线时，要避免电缆受到过度拉引。

8）布放线缆时，线缆不能放成死角或打结，以保证线缆的性能良好，水平线槽中敷设电缆时，电缆应顺直，尽量避免交叉。

9）做好放线保护，不能损伤保护套和踩踏线缆。

10）对于有安装顶棚的区域，所有的水平线缆敷设工作必须在顶棚施工前完成；所有线缆不应外露。

11）线缆与接线端子板、仪表、电气设备等连接时，应留有适当余量；楼层配线间、设备间端留线长度（从线槽到地面再返上）：铜缆 3～5m、光缆 7～9m，信息出口端预留长度 0.4m。

12）线缆敷设时，两端应做好标记，线缆标记要标示清楚，在一根线缆的两端必须有一致的标识，线标应清晰可读。标线号时要求以左手拿线头，线尾向右，以便于以后线号的确认。

13）垂直线缆的布放：穿线宜自上而下进行，在放线时线缆要求平行摆放，不能相互绞缠、交叉，不得使线缆放成死弯或打结。

14）光缆应尽量避免重物挤压。

15）绑扎：施工穿线时做好临时绑扎，避免垂直拉紧后再绑扎，以减少重力下垂对线缆性能的影响。主干线穿完后进行整体绑扎，要求绑扎间距≤

1.5m。光缆应进行单独绑扎。绑扎时如有弯曲应满足不小于10cm的弯曲半径。

16）安装在地下的同轴电缆须有屏蔽铝箔片以阻隔潮气。

17）同轴电缆在安装时要进行必要的检查，不可损伤屏蔽层。

18）安装电缆时要注意确保各电缆的温度要高于5℃。

19）填写好放线记录表；记录中主干铜缆或光纤给定的编号应明确楼层号、序号。

20）线槽内线布放完毕后应盖好槽盖，满足防火、防潮、防鼠害的要求。

（4）控制箱内接线。

1）按设计安装图进行控制箱安装，安装螺钉必须拧紧。

2）控制箱安装应与进线位置对准；安装时，应调整好水平、垂直度，偏差不应大于3mm。

3）按供货商提供的安装图、设计布置图进行配线架安装。

4）控制箱的金属基座都应做好接地连接。

5）核对电缆编号无误。

6）端接前，控制箱内线缆应做好绑扎，绑扎要整齐美观。应留有1m左右的移动余量。

7）剥除电缆护套时应采用专用开线器，不得刮伤绝缘层，电缆中间不得产生断接现象。

8）端接前须准备好线缆端接表，电缆端接依照端接表进行。

9）来自现场进入控制箱内的电缆首先要进行校验编号。

10）来自现场进入控制箱内的电缆要进行固定。

11）来自现场进入控制箱内的电缆，应留有一定的余量。

12）来自现场进入控制箱内的电缆一般不容许有接头。

13）来自现场进入控制箱内的电缆尽量避免相互交叉。

14）按图施工接线正确，连接牢固、接触良好，配线整齐、美观、标牌清晰。

15）选用同一型号的电缆颜色要尽可能统一，便于安装调试和日常维护。

16）接线时电源线、信号线的颜色加以区分。

17）在交、直流电源线中：红线为相线（L）或正线（＋），黑线为零线（N）或负线（－）。

18）在直流信号中：黄色为正线（＋），绿色为负线（－）。

19）蓝色线为数据线。

20）黄绿相间的双色线为地线（注意，但不是直流电的零线和直流电的负线）。

21）接线完毕，由第二人进行复检确认后，方可送电，以免接线错误造成系统设备损坏。

（5）智能化系统接地。

1）施工流程见图 3-45。

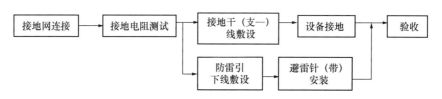

图 3-45　智能化系统接地施工流程

2）各个点位接地应分别为汇总到等电位铜排上，然后再由接地干线引到总的接地网上。

3）各个接地系统的辅助等电位铜排，用来汇集本系统的设备接地，其中包括：设备外壳接地、金属管路接地、金属元件接地、抗静电接地、屏蔽接地、辅助等电位铜排引至总等电位铜排的干线应采用截面不小于 $35mm^2$ 的铜芯线。

4）弱电接地干线或分支线在各系统机箱、接线箱内与其他接地系统相隔离，除在本系统接地等电位铜排的汇总出口处与总的接地网相连接外，不得产生多点接地。

5）为保证电子设备正常工作和信息的正确传输，必须设置专用的直流接地，各系统的直流接地用绝缘铜芯线直接引到总的电位铜排上。

6) 当总接地装置被设计成网状结构时，可将铜线直埋于地下，围绕大楼一圈，在大楼地下组成网状结构。

7) 电缆的连接和各种接地引上点必须使用银焊（或 CADWELL 热铝工艺）。

8) 根据国家规范，埋于地下的接地体，其埋设深度不得小于 0.8m。

9) 按设计要求，系统的接地电阻不大于 1Ω。

10) 可利用建筑桩基的主钢筋作为系统中的接地极。

11) 施工要求和验收程序。

弱电接地是为了保证电子设备在各种情况下的正常工作。按照接地的功能，可分为直流接地、功率接地、安全接地、屏蔽接地直流接地，要求与其他接地系统分离，并有较小的接地电阻，因此直流接地体离开其他接地体的距离不能小于 20m，接地引线离开其他接地线不能小于 2m。

3.8.3.2 设备安装部分

智能家居系统设备的定位、安装、接线应在装饰工程基本结束时开始，不同的智能家居系统的设备安装特点及要求不同，着重介绍招标范围内的几个子设备：

（1）室内智能终端。

某住宅地块中每个住户家中安装的智能终端是智能家居系统的核心，主要负责对住户内部的各设备及设备之间的信息交换、存储与管理，并且与社区宽带网络连接，可为住户提供多种网络化的服务。

主要安装方法：

1) 室内智能终端的特点及安装位置，应该在土建和装饰工程完工后安装，做好外观保护，以免在交付业主使用之前造成设备表面污染。

2) 智能终端与墙体背板之间应连接紧密、牢固，安装用的坚固件应有防锈层；设备的连接线应统一绑扎捋顺，盘绕在设备后的预埋盒中。

3) 设备在安装前应做检查，并应符合下列规定：

① 设备外形完整，内外表面漆层完好；

② 设备外形尺寸、设备内主板及接线端口的型号、规格符合设计规定。

4）底座尺寸应与设备相符，其直线允许偏差为每米 1mm。

5）设备底座安装时，其上表面应保持水平，水平方向的倾斜度允许偏差为每米 1mm。

6）室内控制终端的安装要符合下列规定：

① 应垂直、平正、牢固；

② 垂直度允许偏差为延伸每米 1.5mm；

③ 水平方向的倾斜度允许偏差为延伸每米 1mm；

④ 相邻设备顶部高度允许偏差为 2mm；

⑤ 相邻设备接缝处平面度允许偏差为 1mm；

⑥ 相邻设备接缝的间隙，不大于 2mm；

⑦ 相邻设备连接超过 5 处时，平面度的最大允许偏差为 5mm。

（2）小门口机。

特点：1/4″彩色 CCD 摄像头；采用白色 LED 在光线较暗时刻得到较好的性能。

参数：电源：DC12V；尺寸：115mm×195mm×8mm；重量：200g 标准型；功耗：最大 2.4W 标准型；镜头：1/4″CCD 2700PIXELS。

主要安装方法：

1）安装标高严格按照设计要求，符合中国人普遍身高高度安装。

2）安装位置与门铃按钮同侧，如果门铃按钮设置在门中间的，则安装在访客的左侧。

3）外观选择应符合装饰风格。

4）安装应垂直、平正、牢固。

5）设备在安装前应做检查，并应符合下列规定：

① 设备外形完整，内外表面漆层完好；

② 设备外形尺寸、设备内主板及接线端口的型号、规格符合设计规定。

（3）公共门口机。

特点：住户呼叫，彩色可视对讲；呼叫警卫室；密码开启单元；RF 卡开启单元门（可选）；离家模式转接到保卫室；密码或 RF 卡三次错误转接警卫室；对讲同事支持警卫室开启单元门；对讲同时支持住户开启单元门；具有楼栋号和门牌号 6 位呼叫功能；管理机显示呼叫住户的编码；呼叫住户时有"呼叫中""通话中"指示灯闪烁；音频书籍传输，防窃听功能。

主要安装方法：

1）公共门口机的背板底盒应在装饰和幕墙完成之前安装完成，并配合装饰和幕墙，将背板底盒安装牢固、垂直、平正。

2）对于需要单独安装门锁的部位，应在公共门口机底盒处预留门锁控制线缆。

3）门口机的预留线应统一绑扎，盘绕在底盒之中。

4）门口机与墙体背板之间应连接紧密、牢固，安装用的坚固件应有防锈层。

5）设备在安装前应做检查，并应符合下列规定：

① 设备外形完整，内外表面漆层完好；

② 设备外形尺寸、设备内主板及接线端口的型号、规格符合设计规定。

6）对于没有屋檐部位的门口机安装，应配备相应的防雨护罩。防雨护罩应根据装饰效果选用，使其整体美观实用。

（4）灯光控制继电器。

特点：高容量节能型自锁继电器；4 路继电器开关输出单元，每路 16A；最多 4 个独立区域，每个区域 12 个场景；具有序列功能；每个回路具有灯具保护延迟（0～60min）；每个回路具有分批启动延迟（0～25s）；每个回路具有手动开关；具有远程编程和管理功能；设备重启并选择已开的场景和指定的场景。

参数：电源：DC24V；总线耗电：12mA/DC24V；信号接口：HDL—BUS2；安装方式：35mmDIN 导轨（占 8P 大小）；外形尺寸：144mm×88mm×66mm。

主要安装方法：

灯光控制继电器是整个住宅智能照明控制的核心，所有场景的设置都是通过智能终端对灯光控制继电器的指令完成的。

1）对各个灯具照明回路进行编号标示。

2）将对应的回路线缆接入继电器智能接头处，确保接线头牢固，没有多余毛丝，没有多余电缆芯外露。

3）继电器在控制箱内安装牢固、平正，高度设置在幼儿不可触及处。

4）根据设计要求通过智能终端预先设置好对应回路的组合控制模式。

（5）幕帘安保红外探头。

幕帘安保红外探头是智能家居中安保部分的重要组成部分，一旦有非法人员闯入触动探头的防御范围，就会通过智能终端对住户及警卫室发出报警求救信号，从而保护业主的人身财产安全。根据户内和户外的不同，可分别选用不同参数和型号的红外探头。

主要安装方法：

1）根据户内、户外和阳光照射强度选择合适的红外幕帘探头。

2）探头安装位置应尽可能地将防御范围全面覆盖窗户或可能被闯入的阳台区域。

3）探头安装前，要反复测试、修正安装角度，当确认防御范围调至最佳状态时，方可上紧螺钉。

4）探头在安装前，要确认探头表面清洁，无污染，无划伤。

（6）监控软件。

软件安装应完成并达到以下要求：

1）BUS 系统配置、管理、下载和上传。

2）远程用户 ID 配置（即软编码），远程调试。

3）门禁、报警、通话事件实时接收。

4）RF 卡配置、管理、下载和上传。

5）实时监视住户终端机状态。

6）系统远程诊断及故障定位。

7）查询大门门口机/停车控制器通行记录。

8）远程管理，设定远程防范。

9）SERVER 用户管理。

10）多 CLIENT 支持，CLIENT 权限控制。

11）查询警报记录。

12）查询通话记录。

13）查询红外线光束传感器报警记录。

14）配置系统。

15）配置系统管理数据。

16）住户信息管理。

17）数据文件信息。

18）用户管理。

19）下载系统管理数据。

20）RF 卡管理。

21）调整控制器日期和时间。

（7）系统服务器软件。

系统服务器软件安装应达到以下要求：

1）用户身份识别及登录控制。

2）WEB 访问及控制支持。

3）VoIP 通信配置及管理平台。

4）WAP 访问及控制服务。

5）DB 数据存取支持。

6）E—MAIL、信息发布支持。

7）远程控制驱动。

8）DHCP 控制。

9）部分其他设计要求的应用服务。

3.9 预制保温外墙免支模一体化技术

目前建筑外墙保温结构一体化作为一种新型复合剪力墙结构，其特点为保温板、保护层随结构一体施工，主要体系形式有 CL、SW、CCW 等。其优点为结构的保温层耐久性好、耐火极限高；建筑保温与结构同寿命，该结构是解决建筑保温材料使用年限远小于建筑结构使用年限的一种方法。

同时该结构形式存在一定的技术难题需要攻破：混凝土保护层一般为 6cm 左右，对混凝土的自密实工作性能及混凝土浇筑技术要求较高，外侧的混凝土振捣动作大会导致保温板发生位移，影响混凝土浇筑质量；振捣不到位易产生漏筋、蜂窝麻面、孔洞等质量缺陷。

针对以上问题，我们将保护层和保温板在工厂预制加工为一体（简称 PCF 板）后，现场吊装并作为模板使用，从而达到控制混凝土浇筑质量和免抹灰的作用。

3.9.1 工艺原理

将外墙混凝土保护层、保温板在工厂预制加工，将模板水平方向放置，变竖向浇筑为水平方向浇筑，先浇筑混凝土保护层再放置保温板，确保了混凝土保护层的浇筑质量，达到免抹灰效果。连接件在浇筑混凝土时精确定位、放置，对拉螺杆孔洞、爬架提升点孔洞等孔洞在浇筑时预留，避免后期开凿。

预制保温外墙在工厂养护形成强度后，运输、吊装至外墙安装至外围剪力墙钢筋外侧，作为剪力墙的外模板，内侧使用铝模板，外侧仅安装背楞及对拉螺杆，通过安装在下层墙体上的方钢临时固定预制外墙保温板，底部预留 2cm，通过垫片调整水平方向平整度；通过预制保温板内部预留的丝杆洞与螺杆调整定位、垂直度；通过定位卡调整竖向间距；精确调整后加固模板，混凝土浇筑后仅拆除预制保温外墙外侧的加固装置，预制保温外墙随主体结构连接为整体。拼缝采用 PE 棒、建筑密封胶处理，达到防水、防火要求。

3.9.2 工艺流程

CL 保温一体化施工工艺流程图见图 3-46。

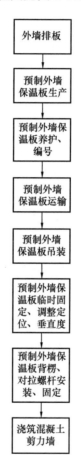

图 3-46 CL 保温一体化施工工艺流程图

3.9.3 施工要点

3.9.3.1 外墙排板

结合外墙内侧铝模板模数划分、结构墙长度、施工进度和塔式起重机最大吊重等因素，将外墙保护层按模数进行划分和排板。一般按 800mm、1200mm、1600mm 等宽度对外墙进行排板（图 3-47、图 3-48），最大重量不宜大于 1t，端部及窗洞口等部位应尽量减少 PCF 板数量，以减少拼缝。

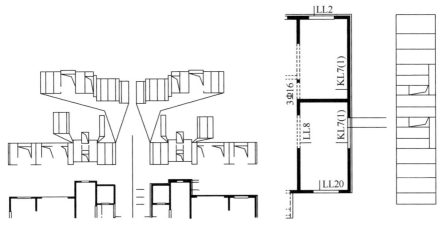

图 3-47　北侧墙构件拆分示意　　　　图 3-48　山墙构件拆分示意

3.9.3.2　预制保温外墙板生产

先在预制模板上刷隔离剂，将保护层钢筋网片放置在模具上，放置垫块、预埋连接件、螺杆孔用 PVC 管，浇筑 6cm 混凝土保护层，振捣，再放置保温板，将连接件与保温板连接处封胶处理。

3.9.3.3　外墙板养护、编号及运输

将混凝土构件放入养护室进行养护，待强度满足规范要求后对构件进行编号，由构件运输车运至现场。

3.9.3.4　保温板吊装

预制保温外墙施工前将剪力墙、板钢筋绑扎完毕，在楼板边缘处对板位置放样，确定各构件位置。使用塔式起重机将预制保温外墙按顺序吊至对应位置。采用平衡梁垂直起吊。在带窗洞的预制构件脱模、吊装、运输和安装过程中，对开洞处采用槽钢梁作为临时加固措施（图 3-49）。

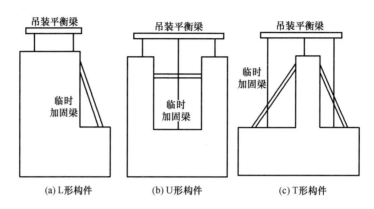

(a)L形构件   (b)U形构件   (c)T形构件

图 3-49 临时加固措施示意

3.9.3.5 临时固定，调整垂直度及平整度

将 50mm×50mm×3mm 的方钢固定在下层墙体位置作为临时固定装置，间距 800~1200mm，每块板至少设 1 个，上部伸出板面约 1.5m。

（1）用螺杆与板内预留的套筒内丝配合调整构件水平向的角度和位置，使构件与主龙骨方钢紧密贴合，以保证其定位及垂直度符合要求。

（2）相邻预制保温外墙板间的竖缝用 10mm 塑料卡控制。

（3）预制保温外墙板板底预留 20mm 进行标高调节，安装前根据本层标高点测出每个预制保温外墙板的标高位置，采用 2mm 厚钢垫片调整。

3.9.3.6 安装保温板背楞及对拉螺杆，浇混凝土

（1）安装背楞及对拉螺杆，与外墙内侧的铝模板连接固定。

（2）剪力墙混凝土浇筑过程中应关注下部模板是否有漏浆或模板跑偏现象，发现问题须及时处理。

（3）混凝土浇筑后，对 PCF 板的水平和竖向等拼缝用 PE 棒和建筑密封胶处理。

3.9.4 预制外墙保温保护层一体化节点设计技术

预制外墙保温保护层一体化技术不同于整体装配式混凝土结构中 PCF 板

应用于 PC 结构连接现浇部分节点，不同于预制外挂板将结构、装饰层整体预制与现浇结构连接，该技术出发点为将建筑保温与结构一体化技术中外墙保温板与保护层预制加工，首次系统地完成了 PCF 板之间及 PCF 板与剪力墙之间的建筑、结构节点设计，包含 110mm 和 310mm 厚两种形式，形成不承受结构荷载的装配式混凝土模板体系，且节点设计不改变结构的受力形式，确保了结构受力安全与连接可靠性、适用性、耐久性，满足防火、防水等建筑功能需求。

3.9.4.1　PCF 板

PCF 板厚度为 110mm 和 310mm，分别用于承重墙和非承重墙（图 3-50）。

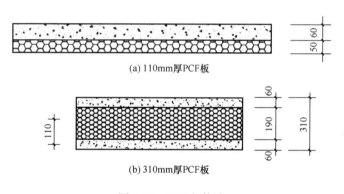

(a) 110mm厚PCF板

(b) 310mm厚PCF板

图 3-50　PCF 板构造

3.9.4.2　阴阳角节点

阴角部位在保温板处断开，设 160mm 宽缝，现场采用 A 级保温材料粘贴，外部混凝土保护层设 20mm 宽缝，采用 PE 棒和建筑密封胶封堵，如图 3-51（a）所示。阳角部位不设置缝，由阳角及两侧 PCF 板整体带出，如图 3-51（b）所示。

3.9.4.3　竖向拼缝节点

PCF 板的竖向连接在保温板处断开设有 80mm 宽缝（非承重墙和承重墙之间 50mm 宽），采用 A 级保温材料在现场粘贴，外部混凝土保护层设 20mm 宽缝，采用 PE 棒和建筑密封胶封堵（图 3-52）。

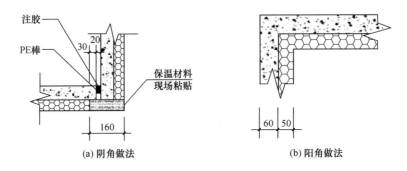

图 3-51　阴阳角节点做法示意

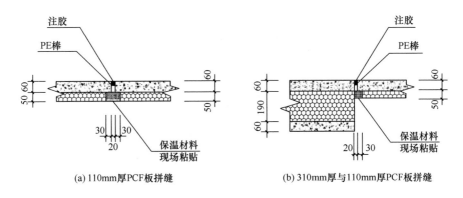

图 3-52　竖向拼缝节点示意

非承重墙 PCF 板左右两端均需在室内侧 60mm 厚保护层中附加 Φ6@200 钢筋与主体结构拉结（图 3-53）。

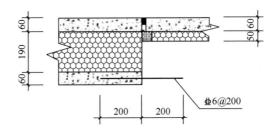

图 3-53　承重墙与非承重墙 PCF 板连接做法示意

90

3.9.4.4 水平拼缝节点

110mm 厚 PCF 板上部均需在 60mm 厚保护层中附加 ϕ6@200mm 钢筋与主体结构拉结。水平拼缝企口须低于结构板面，以确保防水效果（图 3-54）。

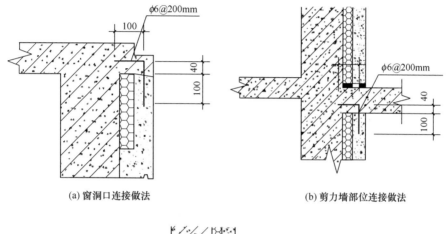

(a) 窗洞口连接做法   (b) 剪力墙部位连接做法

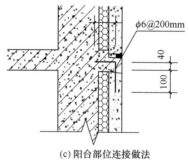

(c) 阳台部位连接做法

图 3-54　水平拼缝节点示意

3.9.5　PCF 板工业化生产技术

3.9.5.1　PCF 板生产工艺流程

PCF 板主要分两种类型。A 类为钢筋混凝土（60mm）＋模塑聚苯板（EPS）（190/130/80mm）＋钢筋混凝土（60mm），B 类为钢筋混凝土（60mm）＋挤塑聚苯板（XPS）（50mm）＋钢筋混凝土（200mm）。具体工艺流程分为模具拼装、安装钢筋网片、铺设桁架钢筋、安装断热件、安装吊装、支撑件、混凝土浇筑、铺设保温、养护吊装。

3.9.5.2 制作过程

（1）模具拼装。

在模具拼装前要认真熟悉图纸，根据图纸拼装 PCF 板模具，模板间角度和尺寸与图纸吻合无误。

底模用 M16 螺钉固定在平台上，上端和侧模用磁铁固定，磁铁间距不得大于 1500mm。上端模用压板固定，装压面用 M16 螺钉固定在平台上将上端压死，防止混凝土振动时渗漏、模具上浮。

模具拼装见图 3-55。

图 3-55　模具拼装

（2）安装钢筋网片。

钢筋网片选用 4mm 冷拔丝成品网片，根据图纸将钢筋网片铺设在模具内，有门窗洞口、预留口的位置应根据图纸尺寸提前预留；网片下放置垫块，按 800mm×800mm 呈梅花形布置于钢筋骨架下，不少于每平方米 5 个。如图 3-56 所示。

图 3-56 安装钢筋网片

（3）安装吊装、支撑、连接件。

根据图纸将吊装、支撑、连接件安装在准确的位置，吊装件、支撑件必须放置在桁架筋内，确保吊装件、支撑件与桁架筋有效连接、达到整体受力。连接件是安装连接用，位置要准确，误差在 3mm 以内。

根据图纸设计要求为需要外架子孔、模板加固穿墙孔，空调管孔的构件放置塑管，并用磁铁将预留管固定在平台上，用铁丝对塑管采取绑扎加固，确保打灰不偏移。模板加固孔间距内侧 4 道，外侧 5 道。

安装吊装件、支撑件、连接件见图 3-57。

（4）混凝土浇筑。

装饰层混凝土厚为 60mm，坍落度为 200～220mm，坍落不得太小，装饰

图 3-57 安装吊装件、支撑件、连接件

93

图 3-58 浇筑混凝土

层混凝土太薄容易出现混凝土振动不密实，表面不平整，保温板铺设后空鼓。混凝土振捣密实后人工用搓板找平，装饰层混凝土厚度均匀，误差不得大于 5mm。如图 3-58 所示。

（5）铺设保温板。

按照图纸将保温板满铺在模板内，保温板要紧贴模板边框，保温板与保温板要紧贴，遇有外架子孔、模板加固穿墙孔，空调管孔的位置用开孔器开孔，桁架筋位置、拼缝过大位置、开孔位置用发泡填满，保温板要粘结牢固，铺贴时要用力揉动，增加粘结力；铺设要平整、无冷桥。如图 3-59 所示。

（6）养护吊装（图 3-60）。

图 3-59 铺设保温板

图 3-60 养护吊装

PCF 板施工完成后送入养护窑内进行蒸汽养护，出窑起吊前先用回弹仪检测构件强度，达到 75% 以上，检查吊环是否拧紧后方可起吊。

构件起吊应用吊装扁担梁，保证起吊受力均匀，先将构件顶部吊起，将构件与平台接触面内的气压排出后，再进行吊装。

构件堆放时下方用木方垫实，防止构件受力不均，出现断裂、碰撞破损。

运输时采用垂直运输，构件与运输架体接触面用软体橡胶做保护，防止构件碰撞破损，PCF 板要紧靠架子受力柱，防止受力不均导致构件开裂。

运输过程中，车辆要平稳慢速行驶，防止构件因快速、颠簸开裂。

3.9.5.3 PCF 板运输

（1）PCF 板厂内起吊、运输时，混凝土强度应符合设计要求。

（2）PCF 板运输和存放过程中的支承位置和方法，应根据其受力情况确定，但不得超过其承载力或引起 PCF 板损伤。

（3）PCF 板出厂前，应对其质量进行全面检查，合格后方可装车出厂。检查内容包括连接件、吊点、PCF 板尺寸、表观质量、PCF 板编号等。

（4）PCF 板运输时应沿垂直受力方向设置支撑分层平放，每层间的支撑应上下对齐，叠放层数不应大于 6 层；同时应加强运输保护措施，防止运输过程中产生损坏。

（5）PCF 板采用汽车运输，运输过程中，车上应设有专用架，且要有可靠的稳定 PCF 板措施；厚板水平放置，薄板立放。预制 PCF 板与架体接触部位应垫放木方或橡胶垫块，防止 PCF 板接触破坏。

（6）PCF 板运输前，根据运输需要选定合适、平整坚实路线，车辆启动应慢、车速行驶均匀，严禁超速、猛拐和急刹车。

（7）车辆启动应慢，车速均匀，转弯错车时要减速；现场应按吊装顺序、规格、品种等分区码放，底层应垫好木方并有良好的排水措施；PCF 板临时码放场地合理布置在吊装机械覆盖范围内，避免二次搬运。

（8）在停车吊装的工作范围内不得有障碍物，并应有可满足 PCF 板周转使用的场地。

（9）PCF 板的进场及运输应有详细的计划，以便满足正常的施工进度。PCF 板运输要按照图纸设计和施工要求编号运达现场，并根据工程现场施工进度情况以及预制 PCF 板吊装的顺序，确定好每层吊装所需的预制 PCF 板及此类 PCF 板在车上的安放位置，以便于现场按照吊装顺序施工。

PCF 板运输见图 3-61。

图 3-61　PCF 板运输

3.9.5.4　PCF 板进场验收

（1）驻预制厂工作人员应当在工厂做好质量把关工作，主要把关内容是 PCF 板的几何尺寸、钢筋、混凝土、保温板及保温拉结件等材料的质量检验过程，以及 PCF 板外观质量及安装配件的预留位置的有效性。PCF 板验收标准见表 3-12。

PCF 板验收标准　　　　　　　　　表 3-12

项目	允许偏差（mm）
长度	$+3$ 0
宽度	$+2$ 0
厚度	± 1
对角线差	$\leqslant 5$
板侧面平直度	$\leqslant L/750$
板面平整度	$\leqslant 2$

注：L 为板长。

96

（2）进入现场的 PCF 板应具有出厂合格证及相关质量证明文件，产品质量应符合设计及相关技术标准要求；PCF 板验收标准见表 3-13。

PCF 板验收标准

表 3-13

试验项目		单位	性能指标			试验方法
免拆复合保温模板	抗冲击强度	—	≥10 J 级			JGJ 144—2019
	抗弯荷载	N	≥2000			GB/T 19631—2005
	拉伸粘结强度	MPa	原强度	耐水	耐冻融	JGJ 144—2019
	与 XPS/EPS 板	MPa	≥0.20	≥0.15	≥0.15	
	与 PIR 板	MPa	≥0.15	≥0.12	≥0.12	
	与玻璃棉板	MPa	≥0.08	≥0.06	≥0.06	
XPS 板	密度	kg/m³	30～35			GB/T 6343—2009
	压缩强度	MPa	≥0.2			GB/T 8813—2020
	导热系数	W/(m·K)	≤0.030			GB/T 10294—2008
	燃烧性能	—	B_1、B_2 级			GB 8624—2012

（3）PCF 板应在明显部位标明生产单位、项目名称、PCF 板型号、生产日期及质量合格标志。

（4）PCF 板吊装预留吊环、预埋件、连接件应安装牢固、无松动。

（5）PCF 板的连接件、预埋件、外露钢筋及预留孔洞等规格、位置和数量应符合设计要求。

（6）PCF 板的外观质量不应有严重缺陷。对出现的一般缺陷，应按技术处理方案进行处理，并重新检查验收。

（7）PCF 板不应有影响结构性能和安装、使用功能的尺寸偏差。对超过尺寸允许偏差且影响结构性能和安装、使用功能的部位，应按技术处理方案进

97

行处理，并重新检查验收。

3.9.5.5 PCF板存放

（1）堆放 PCF 板的场地应平整坚实，并应有排水措施，沉降差不应大于 5mm。

（2）预制 PCF 板运至现场后，根据施工平面布置图进行 PCF 板存放，PCF 板存放应按照吊装顺序、PCF 板型号等配套堆放在塔式起重机有效吊重覆盖范围内。

（3）不同 PCF 板堆放之间设宽度为 1.2m 的通道，方便工人卸车及吊装。

（4）PCF 板的存放应采用专用的存放架或者分类别叠放，叠放层数应根据设计确定，设计未要求时，不超过 6 层。

（5）PCF 板直接堆放时必须在 PCF 板上加设枕木。场地上的 PCF 板应做防倾覆措施，运输及堆放支架数量要具备周转使用；堆放好以后要采取临时固定措施。

PCF 板现场存放见图 3-62。

图 3-62　PCF 板现场存放

3.9.6　PCF 板精确定位及安装一体化技术

传统的 PCF 板及 PC 构件固定和调整就位方法为 PCF 构件内侧安装 L 形角铁（图 3-63），分别与楼板与保温板连接。由于内侧有剪力墙钢筋，操作不方便；另外保温板有弹性，PCF 板仅能向内侧调整，无法向外侧调整就位。创新施工方法，采用 PCF 板临时固定和定位采用背楞＋预埋内丝＋螺杆的方法，外侧临时固定采用 2 个竖向背楞，在 PCF 板内预埋 4 个内丝，通过调整螺杆至上下层 PCF 板与背楞紧密贴合，使 PCF 板上下层间接槎处于同一平面，完成临时固定与精确定位垂直度和位置。采用该方法施工效率较传统方法提升 20％。见图 3-64。

图 3-63　L 形角铁　　　　图 3-64　预埋内丝与螺杆、背楞
　　　　　　　　　　　　　　　　　　　调整位置

3.9.6.1　测量准备

根据提供的红线桩、水准点测设符合本工程的现场测量控制网及高程控制网。各控制点均作加固处理，必要时设防保护，以防破坏，利用控制网控制和校正建筑物的轴线、标高等，确保工程质量。施工过程中加强复测工作，每 8 层校核一次。

3.9.6.2　工艺流程

施工工艺流程：PCF 板进场→现场验收→堆场存放→吊具、钢丝绳安全检查→放线、标高测定→PCF 板起吊→PCF 板安装→安装调整、标高调整、精度确认→现浇内墙钢筋绑扎→内侧模板安装→内侧模板加固→板缝处理→混凝土浇筑。

3.9.6.3 吊装机械选择

（1）塔式起重机选择。

根据现场场地条件，为了同时满足结构施工及预制 PCF 板进场卸车、安装的要求，结合施工图纸及预制 PCF 板拆分制作图，计算出的 PCF 板吊装最不利工况的作业半径、最大吊重，预制 PCF 板卸车最不利工况的作业半径和吊重，据此选择合适的塔式起重机型号。

（2）吊具选用。

根据吊装安装需要配置施工机具，具体见表 3-14。

吊装机具表 表 3-14

序号	名称	型号	单位	数量
1	扁担梁	工字钢	根	2
2	索具（图 3-65）	5t	个	6
3	钢丝绳、吊环（吊装 110mm 厚板使用）（图 3-66）	6×37	套	2
4	鸭嘴扣（吊装 310mm 厚板使用）（图 3-67）	3 个	个	3
5	斜支撑（310mm 厚板临时固定及调整垂直使用）		个	14
6	塑料垫片（调整板缝用）	2cm 厚	个	100
7	钢垫片（调整基底标高用）		个	若干个
8	M16 螺杆（110mm 厚板临时固定用）		个	280
9	电动扳手		把	2
10	对讲机		部	8
11	水平仪		台	1

图 3-65 PCF 板吊装索具及吊装梁

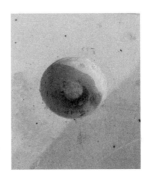

图 3-66 310mm 厚板采用鸭嘴扣及吊钉

图 3-67 110mm 厚薄板采用吊钩及吊环

3.9.6.4 PCF 板布置

每个预制 PCF 板在进场前根据 PCF 板拆分图编号做好标记，吊装作业时工人可以依据 PCF 板拆分编号图进行吊装，这样可以直观标示出 PCF 板位置，便于吊装和指挥操作，减少误吊几率。

3.9.6.5 吊装准备

（1）须将起吊点设置于预制 PCF 板重心部位，避免 PCF 板吊装过程中由于自身受力状态不平衡而导致 PCF 板旋转问题。

（2）当 PCF 板生产状态与安装状态一致时，尽可能将施工起吊点与 PCF 板生产脱模起吊点相统一。

（3）当 PCF 板生产状态与安装姿态不一致时，尽可能将脱模用起吊点设置于安装后不影响观感部位，并加工成容易移除的方式，避免对 PCF 板观感造成影响。

（4）考虑安装起吊时可能存在的由于吊装受力状态与安装受力状态不一致而导致不合理受力开裂损坏问题，设置吊装临时加固措施，避免由于吊装而造成 PCF 板损坏。

（5）应根据预制 PCF 板形状、尺寸及重量要求选择适宜的吊具，在吊装过程中，吊索水平夹角不宜小于 60°，不应小于 45°；尺寸较大的预制 PCF 板应选择设置分配梁或分配桁架的吊具，并应保证塔式起重机主钩位置、吊具及 PCF 板重心在竖直方向重合。

（6）每面 PCF 板应设置两个吊点，吊点可用预埋吊点或者光圆钢筋制成吊环，且吊点位置应进行局部加强，防止起吊过程受力集中，吊点位置产生破坏。

3.9.6.6 PCF 板定位

PCF 板的定位应根据建筑施工轴线进行控制，放线时遵循先整体后局部的程序，具体步骤如下：

（1）在建筑物的基础层根据设置的轴线控制桩，用激光铅垂仪将内控点引到施工层楼面上，再用经纬仪采用两点通视直线投测法投测出建筑物的控制轴线。

（2）根据控制轴线及控制水平线依次放出建筑物的纵横轴线，依据各层控制轴线放出每层 PCF 板的细部位置线和 PCF 板控制线。

（3）在楼的外围设标准水准点 1～2 个，在首层墙上确定控制水平线，每层施工时根据首层控制线确定本层标高点，由此确定 PCF 板的标高。

（4）PCF 板板底预留 2cm 水平进行标高调节，安装前根据本层标高点测出每个 PCF 板标高位置，采用 2mm 厚钢垫片（图 3-68）进行调整。

（5）PCF 板定位测量及垫片应安放完毕，并在板下方满铺防水砂浆。

图 3-68　调节标高用钢垫片

3.9.6.7　PCF 板吊装

（1）起吊前，要确认吊具、钢丝绳、吊梁或扁担安全可用。

（2）起吊时用卸扣将钢丝绳与预制 PCF 板上端的预埋吊环连接，并确认连接紧固。

（3）起吊前应先试吊，将 PCF 板吊离地面 50cm，停留 1min，待 PCF 板稳定后再起吊。

（4）PCF 板吊运到安装位置后，缓缓下降，在约 1m 高度时应由工人扶住 PCF 板缓慢下降，避免外侧固定用方钢和剪力墙钢筋碰坏表面和连接件。

（5）在 PCF 板吊装落位前，应根据预先测量好的标高数据放好调节标高垫片，安装过程中应控制好垫片位置，防止偏离测点，影响安装标高。

3.9.6.8 PCF板安装

（1）PCF板就位。

吊运到安装位置时，根据预先画好的定位线和控制线，缓缓落板。PCF板就位时，应由专人负责PCF板下口定位、对线，并用靠尺进行垂直度校准，做到标高准确，PCF板墙身垂直，缝隙一致，水平缝不得错位，防止挤严防水空腔。在整个安装过程中注意保护PCF板的棱角和防水构造。同时应保证上下和相邻PCF板不得错台。

（2）PCF板临时固定。

PCF板就位后，通过与下层墙体连接在一起的50mm×50mm×3mm方钢进行临时固定，间距800～1200mm，每块板至少有2个方钢固定，上部伸出板面1m左右。PCF板临时固定措施示意图见图3-69。

图 3-69　PCF板临时固定措施示意图

（3）PCF板调整垂直度和定位。

110mm板吊装就位后，将四段式螺杆组合安装并紧固。通过在板内预留套筒内丝，用螺杆与内丝配合调整构件水平方向角度和位置，使构件与主龙骨方钢紧密贴合，保证其定位及垂直度。见图3-70。

图 3-70　安装内侧螺杆

相邻预制保温外墙板间竖缝用 20mm 塑料卡控制（类似于瓷砖缝间卡）。

调整 PCF 板垂直度和定位到位后，安装内侧铝模板（图 3-71）和外侧螺杆（图 3-72）。

图 3-71　安装内侧铝模板

图 3-72　安装外侧螺杆

（4）固定 PCF 板。

拆除临时固定竖向方钢背楞，安装内侧模板背楞和外侧背楞进行加固（图 3-73、图 3-74），将外侧背楞焊接到一起（图 3-75），方便安装和拆除。

图 3-73　内侧模板背楞加固

图 3-74　外侧模板背楞加固

图 3-75　外侧背楞焊接为整体

（5）在悬挑板挑出的地方，PCF 板断开设置，其吊装、安装方法同 PCF 板，临时固定采用斜支撑或者钢角码与水平悬挑板固定，节点做法详见图 3-76。

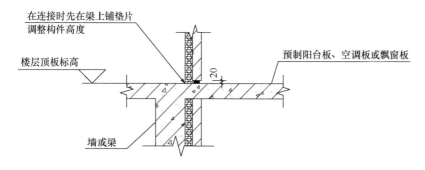

图 3-76　悬挑板处 PCF 板连接节点做法

3.9.7　PCF 板拼缝防水、防火一体化技术

PCF 板企口间 6cm 宽水平缝隙采用 A 级保温板堵塞，确保不漏浆及保温连续。PCF 板拼缝处理参考 PC 结构，采用 PE 棒和建筑密封胶的形式。PCF 板竖向拼缝处，为了防止水从 PCF 板拼缝流向外墙内侧，设计时考虑 PCF 板

竖向拼缝低于剪力墙施工缝 4cm，施工时设计 4cm 高、6cm 宽的角钢放置在 PCF 板上侧，确保 PCF 板拼缝下移 4cm。如图 3-77、图 3-78 所示。

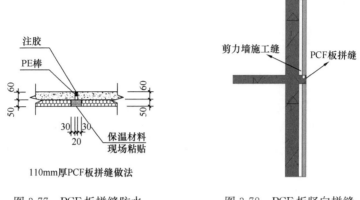

图 3-77　PCF 板拼缝防水、
防火处理节点

图 3-78　PCF 板竖向拼缝
下移防渗漏技术

3.9.7.1　拼缝预处理

（1）竖向缝处做法示意图见图 3-79。相邻 PCF 板安装完成后，应及时采用 A 级保温板对相邻 PCF 板之间的缝隙进行塞填（图 3-80）。外侧板缝在安装背楞前填塞 PE 棒（图 3-81）。

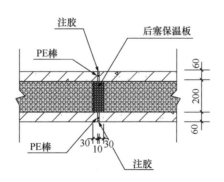

图 3-79　竖向缝处做法示意图

铝模板与 PCF 板交接处需做防漏浆处理，在铝膜与 PCF 板混凝土交接部位粘贴一定厚度的泡沫胶带（图 3-82）。

图 3-80 保温板塞缝

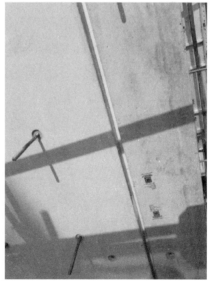

图 3-81 填塞 PE 棒

图 3-82　泡沫胶带粘贴

（2）预制 PCF 板保护层下边缘凸出 4cm，上边缘凹进去 4cm，使 PCF 板接缝较内侧板接缝低 4cm，中间空余 2cm 拼缝，在混凝土浇筑完成后用建筑密封胶处理。安装外墙企口模板（60mm×40mm×2.5mm），并将其通过外墙竖向背楞固定，调整方向保证顺直，标高校核调整到位。

防水做法图见图 3-83，混凝土企口压槽模板安装见图 3-84。

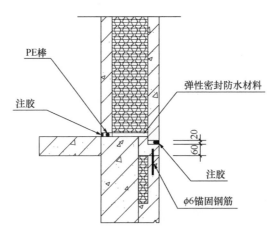

图 3-83　防水做法图

图 3-84　混凝土企口压槽模板安装

（3）PCF 板安装完毕后，及时进行内侧模板安装，模板安装时应注意不得碰到 PCF 板。模板的加固背楞和外侧 PCF 板背楞连接到一起，对 PCF 板起到加固作用。

3.9.7.2　接缝处理

PCF 板安装完成后会留下大量拼装接缝，一方面这些接缝导致外保温被阻断，留下冷桥，同时也给防火带来了不利影响；另一方面这些接缝在温度应力和水的毛细作用下，很容易使水渗透到室内，因此 PCF 板接缝处理的关键在于防火保温处理和防水处理。

进场的 PCF 板，在堆放、吊装过程中，应注意保护其外侧壁保温保护层、立槽、水平缝的防水台等部位，以免损坏。对有缺棱掉角及边缘有裂纹的墙板应立即进行修补，修补应采用具有防水及耐久性的胶粘剂粘合，修补完后应在其表面涂刷一道弹性防水胶。

在结构混凝土浇筑完成，拆除模板背楞后，在预留接缝防水胶棒填制外侧，打 PC 建筑结构专用的耐候性防水密封胶条，防水对拉螺杆穿孔处先做防水材料堵漏处理，再采用同种材料修补外面。

对嵌缝材料的性能进行检验，嵌缝材料必须与板材粘结牢固，不应有漏嵌和虚粘现象。所有 PCF 板水平和竖向接缝处在施工完成后均要打 PC 建筑结构专用防水密封胶作为材料防水措施。

竖向拼缝处防水做法见图 3-85，拼缝处理效果见图 3-86。

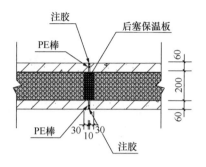

图 3-85　竖向拼缝处防水做法

图 3-86　拼缝处理效果

3.10　CL 保温一体化与铝模板相结合施工技术

CL 建筑体系（建筑外墙保温与结构一体化）特点为保温板及保温板外侧混凝土随主体结构施工，保温板外侧混凝土保护层仅有 6cm 厚，且含有单层双向钢丝网片，对混凝土和易性、坍落度及混凝土浇筑过程质量控制要求高，混凝土浇筑过程易产生蜂窝麻面、漏筋、保温板偏位等质量问题；与传统的结构体系相比，外墙封模板前增加了一道安装保温板工序，对各工种配合要求高；外墙后期无须贴保温板，直接抹灰、涂料，外围结构无砌体。如何确保外墙混凝土施工质量，优化各工序施工方案及顺序，同时尽量将外围构造柱、双层空调板、下挂板等结构一次施工，保证施工工期，是 CL 建筑体系施工需要解决的问题。

针对 CL 建筑体系结构设计特点，采用铝模板施工 CL 保温体系，将外围结构中的构造柱、下挂板、飘窗、空调板等一次性施工，通过调整混凝土配合比、控制外墙保温板两侧混凝土高差、明确混凝土重点振捣点等措施，保证施工进度和质量。

3.10.1 工艺原理

（1）采用铝模板施工 CL 建筑体系。

外围构造柱、双层空调板、下挂板等支模困难的部位随主体结构施工，避免了二次施工，外围主体结构施工完成后直接施工抹灰、涂料，节省了整体工期，且铝模板刚度、强度较模板高，混凝土成形观感、垂直度、平整度等均较木模板施工有显著提升。

（2）CL 混凝土配合比调整。

CL 混凝土配合比坍落度到场至少 220mm，每立方米混凝土 10～20mm 级配石子 463kg，5～10mm 级配石子 260kg，满足 C40 混凝土强度需求，且浇筑混凝土和易性好，便于 CL 墙体混凝土浇筑。

（3）CL 建筑体系工序穿插配合技术。

绑扎墙柱钢筋时，优先绑扎外墙钢筋，分段绑扎完成后保温工开始施工保温板，钢筋工同时绑扎内墙钢筋，不影响整体进度。梁板模板完成后，优先支设梁外侧保温板，方便保温板安装。

（4）CL 混凝土导流板。

针对外墙混凝土浇筑易于洒落且保护层混凝土不易浇筑的问题，设计制作了专门适用于铝模板体系的导流板，用作外墙浇筑，通过导流板来增大保温板外混凝土流量。保温板外侧混凝土流量明显增大，浇筑时能有效控制保温板内外混凝土高差在 500mm 以内，浇筑后效果较好。

（5）CL 混凝土浇筑混凝土点位控制。

根据 CL 外墙保温板安装特点及节点分析，确定混凝土窗下墙空调板等不易浇筑位置的浇筑质量，确定最优浇筑点位，绘制浇筑点位平面图并要求工人按照要求进行振捣。

3.10.2　工艺流程

CL 保温一体化施工流程图见图 3-87。

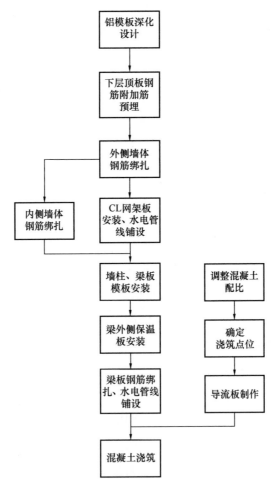

图 3-87　CL 保温一体化施工流程图

3.10.3 施工要点

3.10.3.1 铝模板深化设计

施工单位收到标准层施工图纸后，结合铝模厂家对图纸进行深化设计，将外侧构造柱、双层空调板、下挂板等难以支模的部位随主体结构施工。

3.10.3.2 钢筋工程施工

按照施工图纸及图集要求，预留竖向附加钢筋，在每层外侧混凝土内预留 $\phi4@100mm$ 钢筋网片上下各伸出楼板 200mm 进行搭接。

绑扎墙柱钢筋时，优先绑扎外墙钢筋，分段绑扎完成后保温工开始施工外围保温板，钢筋工同时绑扎内墙钢筋，不影响整体进度。

3.10.3.3 CL 网架板的安装

（1）保温板就位：CL 网架板的安装以逐间封闭、顺序连接的方式进行。较轻的 CL 网架板可采用人工的方式直接就位安装，重量较大的 CL 网架板可在垂直吊装时直接就位。墙板就位时，应对准墙板边线，尽量一次就位，以减少撬动。如果就位误差较大，应将墙板重新吊起调整。校正墙板垂直度时，可以采用在墙板底部垫铁楔或木楔的方法，也可以采用水平螺栓调节。

（2）墙体拉结杆件、附加锚筋的绑扎：墙板在临时固定后，对其垂直度进行测量和纠偏，按照图纸和规范要求施工墙体拉结件 $\phi8@200mm$，绑扎附加钢筋 $\phi6@200mm$、焊接网 $\phi4@100mm$。如图 3-88～图 3-95 所示。

3.10.3.4 墙柱、梁板模板安装

墙柱钢筋、保温板、水电预埋管线验收完成后，安装墙柱、梁板铝模板。铝模板安装前清理到位，均匀涂刷隔离剂。对拉螺栓孔穿过保温板时产生的垃圾在封模板前清理干净。墙柱模板安装完成后，校正模板垂直度、定位、顶板极差，固定铝模板斜撑。

预留孔、洞及线盒的安装，依据预埋的孔、洞、套管和线盒位置，在模板上详细注明其位置，每层按照固定位置安装。

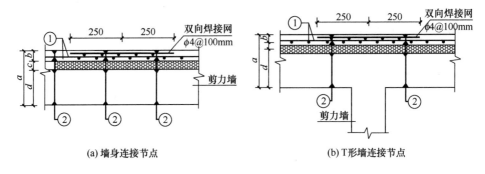

(a) 墙身连接节点   (b) T形墙连接节点

图 3-88　CL 建筑体系承重墙水平连接

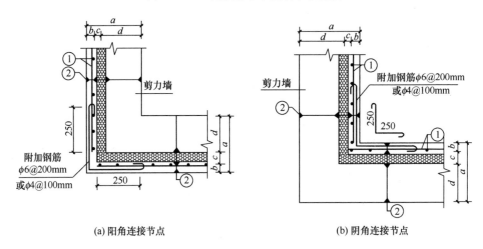

(a) 阳角连接节点   (b) 阴角连接节点

图 3-89　CL 建筑体系转角处附加钢筋

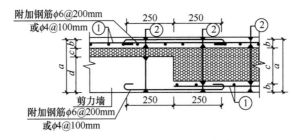

墙板与非承重外墙水平连接大样

图 3-90　非承重墙与承重墙 CL 网架板水平连接

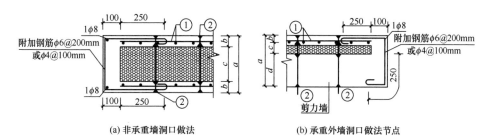

(a) 非承重墙洞口做法 (b) 承重外墙洞口做法节点

图 3-91　墙身洞口部位水平构造做法

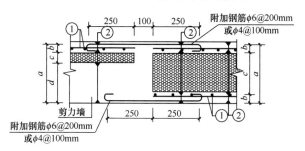

图 3-92　洞口下部承重墙和非承重墙水平连接大样

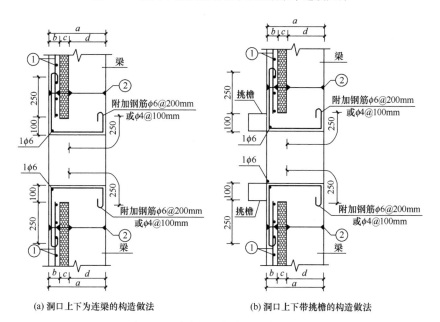

(a) 洞口上下为连梁的构造做法 (b) 洞口上下带挑檐的构造做法

图 3-93　墙身洞口部位竖向构造做法

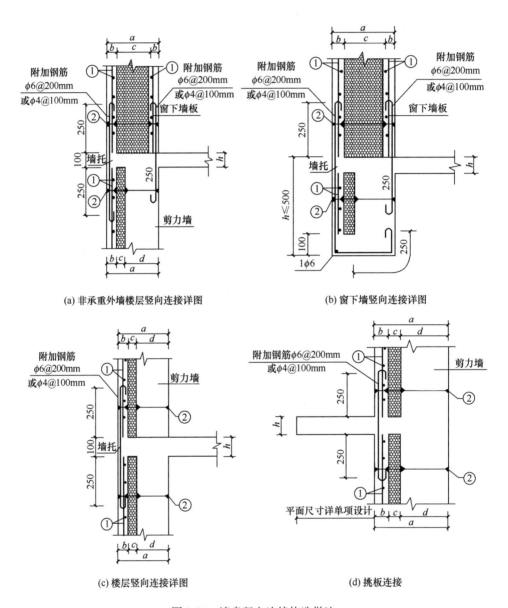

(a) 非承重外墙楼层竖向连接详图

(b) 窗下墙竖向连接详图

(c) 楼层竖向连接详图

(d) 挑板连接

图 3-94 墙身竖向连接构造做法

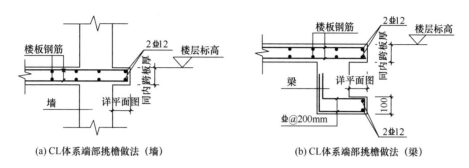

(a) CL体系端部挑檐做法（墙）　　　　　(b) CL体系端部挑檐做法（梁）

图 3-95　CL 体系端部挑檐做法

注：如遇内跨降板，钢筋按 1 : 6 弯折。

3.10.3.5　梁侧保温板及顶板钢筋绑扎、管线预埋

梁钢筋绑扎前安装两侧保温板，便于安装保温板拉结件。绑扎顶板钢筋，水电管线预埋。

3.10.3.6　混凝土配合比优化及浇筑

（1）混凝土配合比优化，通过调整 12mm 级配石子及 5～10mm 级配石子比例、胶凝材料、外加剂等，进行混凝土的试配，使其在满足强度的前提下，便于现场施工，依据试验结果选择最佳配合比。

CL 混凝土配合比坍落度到场至少 220mm，扩展度达到 550mm。经过多次配比调试，确定 CL 混凝土配比为：每立方米混凝土 10～20mm 级配石子 463kg，5～10mm 级配石子 260kg，满足 C40 混凝土强度需求，且浇筑混凝土和易性好，便于 CL 墙体混凝土浇筑。

（2）混凝土浇筑。

1）明确浇筑点位。

根据 CL 外墙保温板安装特点及节点，确定了窗下墙空调板等不易浇筑部位，对应位置设定浇筑点位，并绘制浇筑点位平面图，要求工人按照浇筑点位图进行浇筑，确保窗下墙、空调板等不易浇筑位置的浇筑质量。如图 3-96 所示。

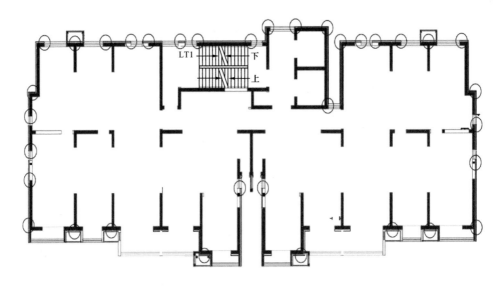

图 3-96　混凝土浇筑点位

2）导流板控制浇筑高差。

制作混凝土导流板，采用花纹钢或者木模板，放置在外墙混凝土外侧，防止混凝土流向墙体模板外侧，同时起到缓冲作用，使混凝土流向保温板外侧的比例增大，保温板两侧混凝土高差控制在 400mm 以内。

混凝土导流板见图 3-97。

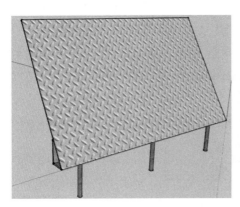

图 3-97　混凝土导流板

3）分层浇筑及振捣到位。

标准层层高 2.8m，分两层浇筑。保温板外侧采用直径 3cm 的振动棒进行振捣，振捣半径为 40cm。楼层下方安排专人用木槌对模板进行敲打，确保混凝土无孔洞。

3.11 基于铝模板爬架体系外立面快速建造施工技术

3.11.1 工艺原理

爬架逐层提升，通过外墙截水技术保证外墙施工涉及的工序能够穿插施工，合理划分爬架各施工层的工序，爬架爬升一层即完成该层的外墙施工工序，当爬架从该层完全提升时即为完成外墙穿插施工的一层。

3.11.2 工艺流程

工艺流程图见图 3-98。

3.11.3 施工要点

施工要点见图 3-99。

3.11.3.1 结构施工（第 N 层）

结构施工层为第 N 层，为实现穿插流水节奏稳定，需确保主体结构按照基准工期 5d 一层的要求落地。铝模板施工工艺如图 3-100 所示。

3.11.3.2 拆模（第 N 层）

墙模板应该从墙头开始，拆模前应先抽取对拉螺杆。外墙拆除对拉螺杆及相关配件必须全部放在结构内，防止高空坠物。板模板拆除时都需用人先拖住模

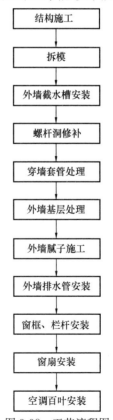

图 3-98 工艺流程图

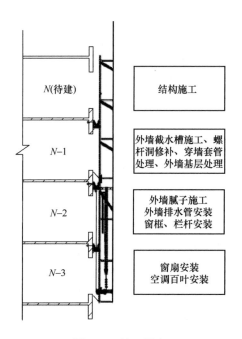

图 3-99　施工要点

板，再拆除销钉，模板往下放时，应小心轻放，严禁直接将模板坠落到楼面。所有部件拆下来以后立即进行清洁工作，清洁得越早越好。

拆除楼顶板、梁顶板时，严禁碰动支撑系统的杆件，严禁拆除支撑杆件后再回顶。支撑系统要确保板底三层，梁底四层。

3.11.3.3　外墙截水槽安装（第 N-1 层）

（1）工艺流程：

截水槽图纸深化设计→截水槽加工→最高点及坡度确定→外墙弹线→墙体打孔安装膨胀螺钉→外墙截水槽固定→玻璃胶密封→放入海绵条→拆除、转运至下一层。

（2）操作要点：

1）截水槽图纸深化设计。

依据建筑施工图纸，结合建筑物外立面特点和外架布置位置，对截水槽安装位置及分段尺寸进行深化设计，确定截水槽排污节点，生成每段截水槽加工

122

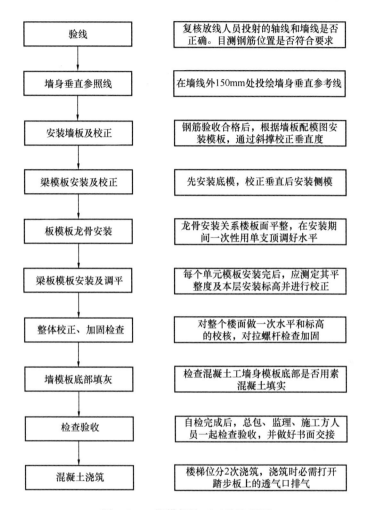

图 3-100　铝模板施工工艺流程图

尺寸清单。

2）截水槽加工。

将镀锌铁皮加工成如图 3-101 状截水槽，底部宽 100mm 左右，短边高 100mm 左右，长边高 150mm 左右。为方便转运及施工操作，将镀锌截水槽做成 2500mm 左右一段，少部分特殊尺寸进行单独加工；加工完成的截水槽应进行合理堆放，避免挤压变形，同时加工完成后应及时安装使用。

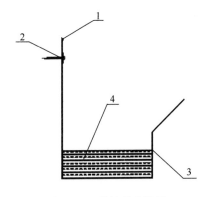

图 3-101　外墙截水装置

1—玻璃胶；2—膨胀螺钉；

3—镀锌铁皮；4—海绵条

3）最高点及坡度确定。

查阅截水槽深化图纸，根据图中每个分段放坡最高点及最低点，对现场建筑物外立面进行检查，清除影响截水装置安装的杂物。外立面检查无误后，使用碳素笔在外墙面标记出最高点及最低点。最低点通过转换头将截留污水排向楼层阳台或楼梯间窗台内，通过室内排水系统将污水排出。

4）外墙弹线。

将确定好的最高点、最低点在外墙上用线弹出，根据坡度弹出截水槽位置线。

5）墙体打孔安装膨胀螺栓。

根据截水槽位置线用膨胀螺栓以 800mm 左右的间距在墙体打孔，膨胀螺栓应选用拉爆膨胀螺栓；在每段截水槽搭接位置应保证使用膨胀螺栓进行固定，避免施工污水从搭接部位渗漏。

6）外墙截水槽固定。

将截水槽在膨胀螺栓固定点打孔并固定在外墙上，坡度高的截水槽应压在坡度低的截水槽上面，截水槽伸进阳台位置 1000mm 左右，镀锌截水槽之间搭接 50mm。

7）玻璃胶密封。

用玻璃胶将搭接位置封死，避免施工污水从搭接处渗漏，再将固定完成的截水槽与外墙的缝隙用玻璃胶密封，避免施工污水从缝隙处渗漏；玻璃胶密封完成后应对截水槽拦截效果进行检验，使用清水模拟施工作业层，污水沿着外墙往下渗漏，通过现场观察确定渗漏点，重新使用玻璃胶进行密封，保证截水槽拦截效果。

8）放入海绵条。

在截水槽内放置海绵条，经过海绵条缓冲，施工污水在重力作用下沿预设坡度最终汇入阳台或窗户，通过室内排水系统排出，避免污染下层外墙。同时可用于缓冲并防止施工层小型坠物掉入截水槽内后弹出截水槽。

9）拆除、转运至下一层。

当该施工层完成施工后将截水槽传递至下一个施工层下方，重复上述施工过程，达到周转利用的效果。

3.11.3.4 螺杆洞修补（第 N-1 层）

（1）工艺流程：

螺杆洞清理浇水润湿→外墙螺杆洞外侧拓孔→外墙外侧防水砂浆封堵抹饼→孔内发泡剂发泡→外墙内侧防水砂浆封堵抹平→涂刷聚氨酯防水涂料（两道）→养护。

地上外墙螺杆洞修补见图 3-102。

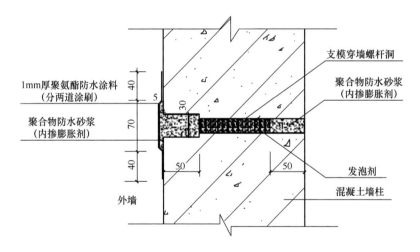

图 3-102　地上外墙螺杆洞修补详图

（2）操作要点：

1）取出对拉螺杆，利用喷嘴或风枪对螺栓空洞内浮尘和垃圾进行清理后，注（喷）水进行提前湿润。

2）采用机械对外墙螺杆洞外侧进行拓孔，深度 50mm，拓孔直径不小于30mm。

3）用掺有膨胀剂的聚合物防水砂浆对外墙螺栓孔外侧进行封堵，同时在外墙外侧抹直径70mm、厚度为5mm的防水砂浆饼。

4）防水砂浆达到一定强度后，从外墙内侧填入发泡剂，发泡密实，贯入深度为50mm。

5）再采用防水砂浆将外墙内侧嵌填密实，边填料边用钢筋向孔内捣实，表面与混凝土墙面抹平。

6）螺杆洞修补完成后定期浇水养护，养护时间不得少于3d。

7）最后在外墙外侧采用聚氨酯防水涂料刷两道，厚度不小于1mm，涂刷范围直径不得小于150mm。

3.11.3.5 外墙穿墙套管清理（第 N-1 层）

（1）工艺流程：

套管凿打→胶带清理→基层清理→腻子修补。

（2）操作要点：

1）当外墙模板拆除后即可进行套管清理工作。

2）为避免腻子收缩过大，出现开裂和脱落，一次刮涂不要过厚，根据不同腻子的特点，厚度以0.5mm为宜。不要过多地往返刮涂，以免出现卷皮脱落或将腻子中的胶料挤出封住表面，不易干燥。

3.11.3.6 外墙基层处理（第 N-1 层）

（1）修补。

施涂前对于基体的缺棱掉角处、孔洞等缺陷采用1∶3水泥砂浆（或聚合物水泥砂浆）修补。

下面为具体做法：

空鼓——如为大面积（大于10cm²）空鼓，将空鼓部位全部铲除，清理干净，重新做基层，若为局部空鼓（小于10cm²），则用注射低黏度的环氧树脂进行修补。

缝隙——细小裂缝采用腻子进行修补（修补时要求薄批而不宜厚刷），干后用砂纸打平；对于大的裂缝，可将裂缝部位凿成 V 字形缝隙，清扫干净后做一层防水层，再嵌填 1：2.5 水泥砂浆，干后用水泥砂纸打磨平整。

孔洞——基层表面以下 3mm 以下的孔洞，采用聚合物水泥腻子进行找平，大于 3mm 的孔洞采用水泥砂浆进行修补待干后磨平。

此外对于新的水泥砂浆表面，如急需进行涂刷时，可采用 15％～20％浓度的硫酸锌或氧化锌溶液涂刷于水泥砂浆基层表面数次，待干燥后除去表面析出的粉末和浮砂即可进行涂刷。

（2）清扫。

尘土、粉末——可使用扫帚、毛刷、高压水冲洗；

油脂——使用中性洗涤剂清洗；

灰浆——用铲、刮刀等除去；

霉菌——室外高压水冲洗，用清水漂洗晾干。

3.11.3.7 外墙腻子施工（第 N-2 层）

（1）工艺流程：

修补→清扫→填补腻子、局部刮腻子→磨平→贴玻纤布→满刮腻子→磨平。

（2）操作要点：

1）掌握好刮涂时工具的倾斜度，用力均匀，以保证腻子饱满。

2）为避免腻子收缩过大，出现开裂和脱落，一次刮涂不要过厚，根据不同腻子的特点，厚度以 0.5mm 为宜。不要过多地往返刮涂，以免出现卷皮脱落或将腻子中的胶料挤出封住表面不易干燥。

3）用油灰刀填要填满、填实，基层有洞和裂缝时，食指压紧刀片，用力将腻子压进缺陷内，将四周的腻子收刮干净，使腻子的痕迹尽量减少。

3.11.3.8 外墙排水管安装（第 N-2 层）

（1）工艺流程：

吊线定位→固定支架安装→排水管安装→排水支管安装→管道穿外墙处填补处理。

（2）操作要点：

1）排水管安装位置及管道大小应准确无误，水平、垂直符合质量标准，满足图纸设计要求与业主要求，确保达到设计要求与验收规范。

2）排水管固定支架应牢固有效。

3）排水支管穿外墙与穿墙套管间的缝隙应填补密实，保证雨水天气不漏水、渗水。

3.11.3.9　窗框、栏杆安装（第 N-2 层）

（1）工艺流程：

窗框安装：画线定位→窗框安装就位→窗框固定→窗框与墙体间隙处理。

栏杆安装：画线定位→栏杆安装就位→栏杆固定→栏杆预埋部位收口。

（2）操作要点：

1）窗框与栏杆安装位置及尺寸应准确无误，水平、垂直符合质量标准，上下楼层应保持一致，满足图纸设计要求与业主要求，确保达到设计要求与验收规范。

2）窗框与栏杆安装必须固定牢靠，膨胀螺栓与墙体有效连接固定。

3）窗框与墙体间隙应分层填塞，外表面用密封胶嵌缝密实。

3.11.3.10　窗扇安装（第 N-3 层）

爬架提升完成后进行窗扇安装，保证爬架最后一次爬升后安全防护。

3.11.3.11　空调百叶安装（第 N-3 层）

在铝合金外窗窗扇安装时，可同步安装空调百叶。百叶与墙体连接采用螺栓，安装前检查位置尺寸，在墙体上钻孔，安装时将百叶放在符合要求的位置，将螺钉拧紧。百叶与空调台板下板之间预留 1cm 的间距，以便雨水散水。

3.12　强弱电箱预制混凝土配块施工技术

为满足现场对施工进度及施工质量的要求，项目决定根据配电箱尺寸大小制作混凝土预制块与砌体结构依次进行施工。混凝土预制块的制作精度要达到精确蒸压加气混凝土砌块免抹灰的要求；强弱电箱混凝土配块自身结构构造为凹凸异形，拆模易破损，拆除不易，为保证施工效率，模具应便于安装和拆卸；因模具是根据配电箱尺寸专一定制的，同一尺寸的配块需求量较大，模具自身刚度和抗破坏能力需较强，其周转次数要尽可能高，以降低模具重复制作的费用。

3.12.1 工艺原理

本技术根据强弱电箱的尺寸及进出线位置，使用 3mm 厚钢板和弹簧卡扣设计一种易于安拆、高周转、高精度的模具。

3.12.2 工艺流程

工艺流程图见图 3-103。

3.12.3 施工要点

3.12.3.1 确定模具尺寸

（1）加工工艺：统计强弱电箱尺寸→确定预制混凝土配块尺寸。

（2）统计强弱电箱尺寸，绘制不同强弱电箱的尺寸统计表。根据尺寸统计表不同尺寸强弱电箱的数量，确定需要制作的强弱电箱模具的数量，以满足施工进度的要求。

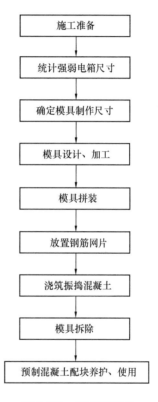

图 3-103 工艺流程图

（3）经过与机电安装专业工程师、监理工程师及建设单位技术负责人沟通，确定预制混凝土配块的厚度及混凝土强度等级，并形成方案的深化设计签章文件。根据该文件的要求确定模具的尺寸。

（4）主要设备：电脑 CAD 看图软件、相关变更图纸、Excel 办公软件。

3.12.3.2 模具设计、加工

（1）施工程序：绘制模具三视图→弹簧卡扣安装→检查调试。

（2）根据确定的预制混凝土配块设计尺寸，绘制相应的模具三视图，如图 3-104、图 3-105 所示。

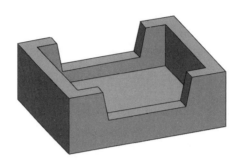

图 3-104 强弱电箱预制混凝土配块 BIM 模型

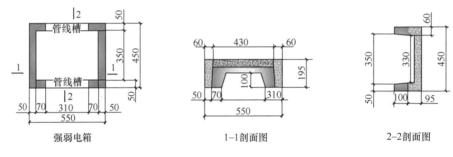

图 3-105 模具三视图

（3）模具设计。

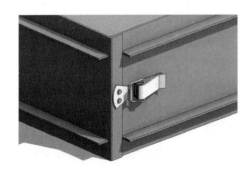

图 3-106 弹簧卡扣紧固钢制侧板

根据预制混凝土配块的尺寸及结构形式，对模具进行设计。模具设计成每个侧面均可拆解的形式，每个侧面均设置钢条背楞，增加其刚度，防止混凝土浇筑时受力变形。每个钢制侧板使用弹簧卡扣进行紧固，如图 3-106、图 3-107所示。

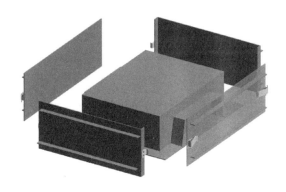

图 3-107　模具各拼装组件示意图

（4）模具加工制作。

购置 3mm 厚的钢板，根据设计尺寸进行裁剪，使用冲压机具进行精确冲压成型。使用二氧化碳气体保护焊将侧面的钢条背楞焊接在侧板上，使用铆钉将弹簧卡扣安装在侧板转角的钢板上。

（5）主要设备：冲压机具、二氧化碳气体保护焊、铆钉枪。

3.12.3.3　模具拼装

（1）施工程序：弹簧卡扣紧固拼装。

（2）每个转角位置的弹簧卡扣依次紧固，将模具拼装成一个整体，模具拼装示意图如图 3-108 所示。拼装完成后，检查模具偏差。

图 3-108　模具拼装示意图

（3）主要设备：老虎钳。

（4）检测设备：钢卷尺。

3.12.3.4 放置钢筋网片

（1）施工程序：制作钢筋网片→安放钢筋网片。

（2）根据预制混凝土配块的大小，使用 $\phi8$ 钢筋制作相应尺寸的单排钢筋网片，搁置在模具中，模具底部使用混凝土垫块将钢筋网片垫起，模具侧壁也放置垫块并将钢筋网片挤紧，防止浇筑混凝土过程中钢筋网片发生偏移。效果图如图 3-109 所示。

（3）安放钢筋网片及垫块后，使用钢卷尺再次检查模具尺寸。发现偏差及时改正。

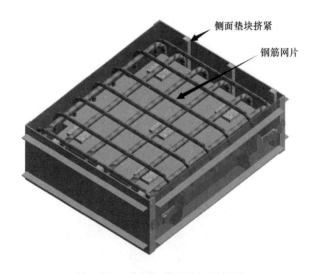

图 3-109　放置钢筋网片后效果图

（4）主要加工设备：钢筋调直机、钢筋弯曲机、钢筋绑扎工具。

（5）检测设备：钢卷尺。

3.13 居住建筑各功能空间的主要施工技术

居住建筑在空间上分为客厅、卧室、书房、厨房、餐厅、卫生间及阳台等，各个空间的作用不同，施工重点也不相同，如客厅多注重装修，卫生间多注重防水等。

3.13.1 客厅的装修

客厅装修是家庭装修的重中之重，客厅装修的原则是：既要实用，也要美观，相比之下，美观更重要。具体的原则有以下几点：

（1）风格要明确。客厅是家庭住宅的核心区域，现代住宅中，客厅的面积最大，空间也是开放性的，它的风格基调往往是家居格调的主脉，把握着整个居室的风格。

因此确定好客厅的装修风格十分重要。可以根据自己的喜好选择传统风格、现代风格、混搭风格、中式风格或西式风格等。客厅的风格可以通过多种手法来实现，例如吊顶设计、灯光设计以及后期的配饰，例如色彩的不同运用更适合表现客厅的不同风格，突出空间感。

（2）个性要鲜明。如果说厨卫的装修是主人生活质量的反映，那么客厅的装修则是主人的审美品位和生活情趣的反映，讲究的是个性。厨卫装修可以通过装成品的"整体厨房""整体浴室"来提高生活质量和装修档次，但客厅必须有自己独到的品位。不同的客厅装修中，每一个细小的差别往往都能折射出主人不同的人生观及修养、品位，因此设计客厅时要用心，要有匠心。个性可以通过装修材料、装修手段的选择及家具的摆放来表现，但更多的是通过配饰等"软装饰"来表现，如工艺品、字画、坐垫、布艺、小饰品等，这些更能展示出主人的修养。

（3）分区要合理。客厅要实用，就必须根据自己的需要，进行合理的功能分区。如果家人看电视的时间非常多，那么就可以视听柜为客厅中心，来确定沙发的位置和走向；如果不常看电视，客人又多，则完全可以会客区作为客厅的中心。客厅区域划分可以采用"硬性区分"和"软性划分"两种办法。软性划分是用"暗示法"塑造空间，利用不同装修材料、装饰手法、特色家具、灯光造型等来划分。如通过吊顶从上部空间将会客区与就餐区划分开来，地面上也可以通过局部铺地毯等手段把不同的区域划分开来。家具的陈设方式可以分为两类——规则（对称）式和自由式。小空间的家具布置宜以集中为主，大空间则以分散为主。硬性区分是把空间分成相对封闭的几个区域来实现不同的功能。主要是通过隔断、家具的设置，从大空间中独立出一些小空间来。

（4）重点要突出。客厅有顶面、地面及四面墙壁，因为视角的关系，墙面理所当然地成为重点。但四面墙也不能平均用力，应确立一面主题墙。主题墙是指客厅中最引人注目的一面墙，一般是放置电视、音响的那面墙。在主题墙上，可以运用各种装饰材料做一些造型，以突出整个客厅的装饰风格。使用较多的如各种毛坯石板、木材等。主题墙是客厅装修的"点睛之笔"，有了这个重点，其他三面墙就可以简单一些，"四白落地"即可，如果都做成主题墙，就会给人杂乱无章的感觉。顶面与地面是两个水平面。顶面在人的上方，顶面处理对整个空间起决定性作用，对空间的影响要比地面显著。地面通常是最先引人注意的部分，其色彩、质地和图案能直接影响室内观感。

3.13.2　厨房、卫生间的防水

现在卫生间的装修一般是顶部做隔板，加有浴霸、顶灯和排气扇；墙面全贴瓷砖加有电源，地面铺贴防滑的地砖；还有的用整体卫浴等。这些装修内容对防水提出了严格的要求。在家居装修中，卫生间防水施工部位主要侧重于上下水管道和地面渗漏水及墙体防潮。卫生间的防水施工在家装的投入比例仅占2%～3%，但卫生间渗水、渗漏直接影响到业主生活舒适性及健康，影响居住安全及邻里关系。卫生间面积一般较小，但管线较多，并有管线穿楼板等情况，故常用涂料防水，而很少采用卷材防水。这样的防水层整体性、密封性可靠，管根部及阴阳角容易处理，施工比较方便，防水质量容易保证。目前施工中最常用的防水材料分油性和水性两种。油性防水材料（属覆盖型）抗压性强，但易老化，所以施工中要求地面清洁、干燥，涂刷厚度均匀，一般要控制在 2～3mm；水性防水材料（属渗透型）不含甲醛，施工时要求地面清洁，湿度均衡，材料配制把握适度。以上两种材料施工时均匀涂刷 2～3 遍，特别是墙角、缝隙应涂刷到位，严格按防水施工规范要求施工。

3.13.2.1　地面防水

地面防水的基本做法是：先把地面清理干净，再做地面找平。地面向地漏方向找坡，门口附近坡度小，地漏附近坡度大，可根据具体情况掌握，水泥砂浆或豆石混凝土均可，但表面要平整。待水泥干透后再用滚筒或刷子蘸取涂料均匀滚动或刷匀（仔细阅读材料使用说明，按配比及用量兑取，半小时内用完），地面与墙角的接口处需多刷几次，管线穿楼板根部，要加强防水。管根用建筑密封膏封严，水泥抹平滑护脚后，刷防水涂料时贴玻璃丝布加强层 1～2 层。地漏附近同样采用这种措施。地面防水层应涂刷出卫生间门口以外 300mm 宽，高出地面 200mm。卫生间墙地面之间的接缝以及上下水管道与地面的接缝处，是最容易出现渗、漏水的地方。墙内水管凹槽也要做防水，有管道、地漏等穿越楼板时，孔洞周边的防水层必须认真施工。

3.13.2.2　墙面防水

墙面是最容易发生水渗漏现象的地方。如果再在墙上铺上防水效果差的瓷砖，就埋下了渗水的隐患。卫生间墙面如果没有防水层的保护，水溅到墙上，隔壁墙和对角墙易潮湿发生霉变。一定要在铺墙面瓷砖之前，做好墙面防水。一般做防水处理时墙面要做 300mm 高的防水层，以防积水洇透墙面。如果使用两扇式的沐浴屏，相连的两面墙也要涂满。但是非承重的轻体墙，就要将整面墙做防水层，至少也要做到 1800mm 高。有淋浴的卫生间墙面防水层最少应高出地面 1800mm，最好满墙面做防水。墙体内埋水管，做到合理布局，铺设水管一律做大于管径的凹槽，槽内抹灰圆滑，然后凹槽内刷聚氨酯防水涂料。墙面防水的基本做法：先把墙面清理干净，再用滚筒在墙面反复均匀滚刷防水涂料。墙面处理干净、平光、无浮灰、无小颗粒，墙地面交接处抹小圆角或坡角。刷防水涂料时贴玻璃丝布加强层1～2层，然后涂上防水涂料。做好墙面防水还要选择防水性能较好的瓷砖，如果用普通瓷砖，还得在瓷砖背面做好防水处理。如果把卫生间四面墙中的一面或者几面都铺上玻璃或者镜子，由于这些材料的密度较大，因此都能较好地防水。值得注意的是在这些玻璃或镜子之间，或者它们与墙体之间，都应该紧密接合并在接合处涂上防水涂料、防水胶等，但这样做会增加装修的成本。

3.13.2.3　顶面防水

在防水施工中，顶棚是最容易被忽略的"重要部位"。虽然顶棚不直接接触水，但水蒸气上涌积聚在顶棚上，会造成顶棚潮湿，久而久之，还会引起顶棚上涂料脱落。此外，楼上邻居的地面防水做得如何，也会直接影响到自家的顶棚。防水涂料、PVC板材和铝塑板都是卫生间顶棚装修中的常用材料。但是，如果仅给顶棚刷上防水涂料，在经过长期暴露使用后，也会发生局部脱落与褪色现象。从长远看来，防水涂料加上PVC板材或铝塑板都是不错的选择。这种双保险的组合，不但可以最大限度地保护顶棚防水，也能遮盖顶棚上暴露的管道。顶棚用防水材料一定要选择防火和不变形的。目前建材市场上供卫生间用的顶棚材料主要是塑料扣板和铝扣板。其中，塑料扣板价格便宜，但供选择的花色少；铝扣板非常美观，选择余地大，但价格较贵。

3.13.3　卧室的布置及装修

卧室是人们休息的主要处所，卧室布置得好坏，直接影响到人们的生活、工作和学习，所以卧室也是家庭装修的设计重点之一。卧室设计时要注重实用，其次才是装饰。具体应把握以下原则：

（1）要保证私密性。私密性是卧室最重要的属性，它是供人休息的场所，是家中最温馨与浪漫的空间。卧室要安静，隔声要好，可采用吸声性好的装饰材料；门上最好采用不透明的材料完全封闭。有的设计中为了采光好，把卧室的门安上透明玻璃或毛玻璃，这是极不可取的。

（2）使用要方便。卧室里一般要放置大量的衣物和被褥，因此装修时一定要考虑储物空间，不仅要大而且要使用方便。床头两侧最好有床头柜，用来放置台灯、闹钟等随手可以触到的东西。有的卧室功能较多，还应考虑到梳妆台与书桌的位置安排。

（3）装修风格应简洁。卧室的功能主要是睡眠休息，属私人空间，不向客人开放，所以卧室装修不必有过多的造型，通常也不需吊顶，墙壁的处理越简洁越好，通常刷乳胶漆即可，床头上的墙壁可适当做点造型和点缀。卧室的壁饰不宜过多，还应与墙壁材料和家具搭配得当。卧室的风格与情调主要不是由墙、地、顶等硬装修来决定的，而是由窗帘、床罩、衣橱等软装饰决定的，它们面积很大，它们的图案、色彩往往主宰了卧室的格调，成为卧室的主旋律。

（4）色调、图案应和谐。卧室的色调由两大方面构成，装修时墙面、地面、顶面本身都有各自的颜色，面积很大；后期配饰中窗帘、床罩等也有各自的色彩，并且面积也很大。这两者的色调搭配要和谐，要确定出一个主色调，比如墙上贴了色彩艳丽的壁纸，那么窗帘的颜色就要淡雅一些，否则房间的颜色就太浓了，会显得过于拥挤；若墙壁是白色的，窗帘等的颜色就可以浓一些。窗帘和床罩等布艺饰物的色彩和图案最好能统一起来，以免房间的色彩、图案过于繁杂，给人凌乱的感觉。另外，面积较小的卧室，装饰材料应选偏暖色调、浅淡的小花图案。老年人的卧室宜选用偏蓝、偏绿的冷色系，图案花纹也应细巧雅致；儿童房的颜色宜新奇、鲜艳一些，花纹图案也应活泼一点；年轻人的卧室则应选择新颖别致、富有欢快、轻松感的图案。如房间偏暗、光线不足，最好选用浅暖色调。

（5）灯光照明要讲究。尽量不要使用装饰性太强的悬顶式吊灯，它不但会使房间产生许多阴暗的角落，也会在头顶形成太多的光线，躺在床上向上看时灯光还会刺眼。最好采用向上打光的灯，既可以使房顶显得高远，又可以使光线柔和，不直射眼睛。除主要灯源外，还应设台灯或壁灯，以备起夜或睡前看书用。另外，角落里设计几盏射灯，以便用不同颜色的灯泡来调节房间的色调，如黄色的灯光就会给卧室增添不少浪漫的情调。

3.13.4 阳台的封闭

3.13.4.1 封阳台的形式

阳台从构造上看有两种。一种是以防盗挡网罩封，这种方法只能达到安全防盗的效果，其他作用无法发挥，在居住条件宽松的情况下可以采用。另一种是以窗户的形式封堵，这种形式采用最为普遍。从封阳台的外形上看，有平面封和凸面封两种，平面封完后，同楼房外立面成一平面，是比较常见的封阳台外形。凸面封阳台后，窗户突出墙面，并可有一个较宽的窗台，使用起来较方便，但施工就复杂多了。

3.13.4.2 封阳台的材料

一般封阳台可以用塑钢窗、铝合金窗、实木窗、空腹钢窗，它们的区别在于：塑钢窗具有良好的耐候性，隔热、隔声效果较好，但价格较贵，颜色比较单一。铝合金窗具有较好的耐候性和抗老化能力，但隔热性不如其他材料，色彩也仅有白、茶两种，价格比塑钢略低一些。实木的窗户可以制作出丰富的造型，运用多种颜色，装饰效果较好，但木材抗老化能力差，冷热伸缩变化大，日晒雨淋后容易被腐蚀，价格要根据材料而定，一般松木的价格比较便宜。空腹钢窗结实耐用，但其生产加工困难，非标准的制作周期长，同时重量大，安装也较其他材料要求高。一般家庭装修封阳台，主要使用塑钢窗和铝合金窗。

3.13.4.3 平封阳台的施工规范

无论使用塑钢窗还是铝合金窗，封阳台前都应准确地测量阳台封闭面的尺寸，在施工现场外按尺寸加工制作窗户框、扇后，运抵施工现场。在安装前，应检验窗户尺寸与封阳台的洞口尺寸是否一致。安装前应先清理阳台洞口的基层，要求将窗户紧靠墙体的基层材料清除，并在固定点打孔，预设膨胀螺栓或塑料胀销，以便固定窗体。安装窗户时，应首先将窗户稳坐在洞口处，并用木模子固定其位置，将窗户上的固定钢片安装眼套在膨胀螺栓上，用螺母紧固，全部固定钢片安装完以后，用水泥砂浆将洞口两侧抹平，将固定钢片全部埋入水泥砂浆中。待水泥砂浆干硬后即可进行面层装饰，注意要及时擦净窗户框上的浆液，防止污染窗框。

3.13.4.4 凸封阳台的施工规范

凸封阳台应先做窗台，将阳台墙上钻通孔，插入钢筋，钢筋出头长度与窗台宽度相同。再在出头钢筋上捆扎横向钢筋，连接墙体钢筋间距 300mm，横向钢筋间距依窗台宽度而定，一般为 200mm，使用两根。将钢筋下方距钢筋 30mm 处，钉盒子板，浇铸混凝土砂浆，在混凝土内预埋木砖或膨胀螺栓。待混凝土干硬后，拆去盒子板，清理窗台台面。如果阳台顶部用钢筋混凝土，同窗台施工方法相同，但竖钢筋无法打透眼，可插入阳台顶部 100mm。凸封阳台窗户的安装方法同平封阳台。

3.13.4.5 封阳台的验收

封阳台在窗框固定后，安装窗扇，一般封阳台使用推拉窗，要求关闭严密，间隙均匀，扇与框搭接紧密，推拉灵活，附件齐全，位置安装正确、牢固，灵活适用，端正美观。为防止雨水倒流进入室内，窗框与窗台接口外侧应用水泥砂浆填实，窗台外侧应有流水坡度。

4 专项技术研究

居住建筑的质量问题一直以来都影响其使用，例如混凝土施工不当造成的漏水等问题在居住建筑使用期间被诟病，住户对其深恶痛绝，施工单位后期返修不仅增加了施工成本，而且影响了施工企业形象，本章把居住建筑中关键技术——质量通病的防治做介绍，以避免类似质量问题在施工中出现。

4.1 结构基础质量通病防治

4.1.1 土（灰土）桩不密实、断裂

现象：桩孔回填不均匀，夯击不密实，密松不一，桩身疏松甚至断裂。

防治措施：填夯过程中，严格控制夯实质量，若夯击次数不够，应适当增加夯击数。若遇孔壁塌方，应停止夯填，先将塌方清除，然后用 C10 混凝土灌入塌方处，再继续回填夯实。

4.1.2 碎石挤密桩桩身缩颈

现象：形成的碎石挤密桩桩身局部直径小于设计要求，一般在地下水位以下或饱和的黏性土中容易发生。

防治措施：

（1）拔管速度一般控制在 0.8～1.5m/min（根据地区、地质不同选择拔管速度）。每拔 0.5～1.0m 暂停一下，原地振动 10～30s。反复进行，直到拔出地面。

（2）采用反插法克服缩颈。局部反插法：在发生部位进行反插，并往下多

插入 1m。全部反插法：开始从桩端至柱顶全部进行反插，即开始拔管 1m，再反插到底，以后每拔出 1m，反插 0.5m，直到拔出地面。

（3）采用复打法克服缩颈。局部复打法：在发生部位进行复打，超深 1m。全复打法：即为二次单打法的重复，应注意同轴沉入原深度，灌入同样的石料。

4.1.3　碎石挤密桩灌量不足

现象：碎石挤密桩施工中，碎石实际灌量小于设计要求。

防治措施：

（1）用混凝土预制桩尖法，解决活瓣桩尖张不开的问题，加大灌入量。

（2）灌料时注入压力水（一般为 0.2～0.4MPa），使石料表面润滑，减小摩擦阻力，易于流入孔中。

4.1.4　预制桩桩身断裂

现象：桩在沉入过程中，桩身突然倾斜错位，桩尖处土质条件没有特殊变化，而贯入度逐渐增加或突然增大，同时当桩锤跳起后，桩身随之出现回弹现象。

防治措施：应会同设计人员共同研究处理方法。根据工程地质条件，上部荷载及桩所处的结构部位，可以采取补桩的方法。可在轴线两侧分别补 1 根或 2 根桩。

4.1.5　预制桩桩深达不到设计要求

现象：施工的最终控制是以设计的最终贯入度和最终标高为标准。施工时一般以一种标准为主，另一种为参考。有时达不到设计的最终控制要求。

防治措施：

（1）遇到硬夹层时，可采用植桩法、射水法或气吹法施工。桩尖至少进入未扰动土 6 倍桩径。

（2）桩如果打不下去，可更换能量大的桩锤打击，并加厚缓冲垫层。

4.1.6　预制桩桩身倾斜

现象：预制桩桩身垂直偏差过大。

防治措施：

（1）打桩前应将地下障碍物清理干净，尤其是桩位下的障碍物，必要时可对每个桩位用钎探了解。对于桩尖不在桩纵轴上的桩，或桩身弯曲超过规定的桩均不宜使用。一节桩的长细比一般控制在 30 以内。

（2）打桩时稳桩要垂直，桩顶应加桩垫。桩垫失效应及时更换。

（3）桩帽与桩的接触面及替打木应平整，不平整的应及时处理。

4.1.7　干作业成孔灌注桩的孔底虚土多

现象：成孔后孔底虚土过多，超过标准规定的不大于 100mm 的要求。

防治措施：

（1）在孔内做二次或多次投钻。即用钻一次投到设计标高，在原位旋转片刻，停止旋转静拔钻杆。

（2）用勺钻清理孔底虚土。

（3）如虚土是砂或砂卵石时，可先采用孔底浆拌合，然后再灌混凝土。

（4）采用孔底压力灌浆法、压力灌混凝土法及孔底夯实法解法。

4.1.8　干作业成孔灌注桩身混凝土质量差

现象：桩身混凝土有蜂窝、空洞，桩身夹土、分段级配不均匀。

防治措施：

（1）单桩承载力不大且缺陷不严重，可采用加大承台梁的方法。

（2）如缺陷严重，应会同设计人员共同研究处理方法，一般可采用在轴线两侧补桩的方法。

4.1.9　湿作业成孔灌注桩断桩

现象：成桩后，桩身中部没有混凝土，夹有泥土。

防治措施：

（1）当导管堵塞而混凝土尚未初凝时，可采用两种方法：方法一是用钻机起吊设备，吊起一节钢轨或其他重物在导管内冲击，把堵塞的混凝土冲开；方法二是迅速拔出导管，用高压水冲通导管，重新下隔水球灌注。浇筑时，当隔水球冲出导管后，应将导管继续下降，直到导管不能再插入时，然后再稍提升导管，继续浇筑混凝土。

（2）当混凝土在地下水位以上中断时，如果桩身直径在 1m 以上；泥浆护壁较好，可抽掉孔内水，用钢筋笼保护，对原混凝土面进行凿毛并清洗钢筋，然后继续浇筑混凝土。

（3）当混凝土在地下水位以下中断时，可用较原桩径稍小的钻头在原桩位上钻孔，至断桩部位以下适当深度时，重新清孔，在断桩部位增加一节钢筋笼，其下部埋入新钻孔中，然后继续浇筑混凝土。

（4）当导管接头法兰挂住钢筋笼时，如果钢筋笼埋入混凝土不深，则可提起钢筋笼，转动导管，使导管与钢筋笼脱离，否则只好放弃导管。

4.1.10　套管护壁成孔灌注桩缩颈

现象：

桩身局部直径小于设计要求，一般发生在地下水位以下、上层滞水层或饱和的黏性土中。

防治措施：

（1）在淤泥质土中出现缩颈时，可采用复打方法。

（2）在其他土中出现缩颈时，最好采用预制桩头，同时用下部带喇叭口的套管施工，在缩颈部位采用反插法。

（3）在缩颈部位放置一段钢筋混凝土预制桩。

4.1.11　爆破灌注桩混凝土拒落

现象：炸药爆炸形成扩大头后，混凝土不落下，俗称"卡脖子"。

防治措施：

（1）在混凝土中插入钢管或塑料管进行排气，或用振捣棒的强力振动使混凝土下落。

（2）当混凝土已经初凝，可在近旁补钻一根新桩孔，贯穿到空腔，放上同量药包，往拒落桩底端的空腔和新桩孔浇筑混凝土，通电引爆成新的爆扩桩。

4.1.12　爆破灌注桩缩颈

现象：桩身局部直径小于设计要求。

防治措施：

（1）轻微缩颈，可用掏土工具掏出缩颈部位的土，然后立即浇筑混凝土。

（2）严重缩颈，应用成孔机械重新成孔，除用套管法施工外，还可以在缩颈部位用适量炸药进行爆破。

4.2　混凝土结构质量通病防治

4.2.1　质量通病及原因分析

（1）断面尺寸偏差、轴线偏差、表面平整度超限。

产生的原因是：图纸有误或看错图纸；施工测量放线有误；模板支撑不牢，支撑点基土下沉，模板刚度不够；混凝土浇筑时一次投料过多，一次浇筑高度超过规定，使模板变形；混凝土浇筑顺序不当，造成模板倾斜；振捣时，过多振动模板，产生模板位移；模板接缝处不平整，或模板表面不平等。

（2）蜂窝、麻面、露筋、孔洞、内部不实。

产生原因是：模板接缝不严，板缝处漏浆；模板表面未清理干净或模板未满涂隔离剂；混凝土配合比设计不当或现场计量有误；振捣不密实、漏振；混凝土搅拌不匀，和易性不好；混凝土入模时自由倾落高度较大，未用串筒或溜槽，产生离析；底模未放垫块，或垫块脱落，导致钢筋移动；结构节点处，由于钢筋密集，混凝土的石子粒径过大，浇筑困难，振捣不仔细等。

（3）在梁、板、墙、柱等结构的接缝和施工缝处产生烂根、烂脖、烂肚。

产生原因是：施工缝的位置留设不当，不易振捣；模板安装完毕后，接槎处未清理干净；对施工缝处先浇混凝土表面未做处理，或处理不当，形成冷缝；接缝处模板拼缝不严、漏浆等。

（4）结构发生裂缝。

产生原因是：模板及其支撑不牢，产生变形或局部沉降；混凝土和易性不好，浇筑后产生分层，出现裂缝；养护不好引起裂缝；拆模不当，引起开裂；冬期施工时，拆除保温材料时温差过大，引起裂缝；当烈日暴晒后突然降雨，产生裂缝；大体积混凝土由于水化热，使内部与表面温差过大，产生裂缝；大面积现浇混凝土由于收缩和温度应力产生裂缝；构件厚薄不均匀，使得收缩不均匀而产生裂缝；主筋位置严重位移，而使结构受拉区开裂；混凝土初凝后又受到扰动，产生裂缝；构件受力过早或超载引起裂缝；基础不均匀沉降引起开裂；设计不合理或使用不当引起开裂等。

（5）结构表面损伤，缺棱掉角。

产生原因是：模板表面未涂隔离剂，模板表面未清理干净，粘有混凝土；模板表面不平，翘曲变形；振捣不良，边角处未振实；拆模过早或拆模用力过猛，强撬硬别，损坏棱角；拆模后未做好成品保护，结构被碰撞损坏等。

（6）结构或构件断裂。

产生原因是：钢筋位置不对；钢筋数量不足；严重超载或施工时结构的受力状态与设计不符；钢筋质量不符合要求，产生脆断；混凝土强度过低等。

（7）混凝土强度偏低，或波动较大。

产生原因是：原材料质量波动；配合比掌握不好，水灰比控制不严；搅拌时间短，搅拌不均匀，或投料顺序不对；混凝土运送的时间过长或产生离析；

混凝土振捣不密实；混凝土养护不好等。

（8）混凝土冻害。

产生原因是：混凝土凝结后，尚未达到足够的强度时受冻，产生胀裂；混凝土密实性差，孔隙过多而大，吸水后气温下降达到负温时，水变成冰，体积膨胀，使混凝土破坏；混凝土抗冻性未达到设计要求，产生破坏等。

（9）碱骨料反应。

混凝土骨料中的某些活性矿物质与混凝土微孔中的碱性溶液发生化学作用，使混凝土局部发生膨胀，引起开裂和强度降低，称为碱骨料反应。产生碱骨料反应的原因是：骨料中含有与碱起化学作用的活性矿物质成分，如含微晶氧化硅、二氧化硅和碳酸盐的骨料；水泥的含碱量过高；混凝土的水灰比过大；环境温、湿度的影响；外加剂中含碱量大等。解决办法是选用没有碱反应影响的骨料，控制水泥与外加剂的含碱量。

（10）混凝土碳化。

空气中的二氧化碳混入混凝土中，与混凝土中的碱性物质相互作用，降低混凝土的碱度，称为混凝土碳化。碳化会破坏钢筋表面的钝化膜，使钢筋失去混凝土对其保护作用而锈蚀，胀裂混凝土。混凝土碳化还会加剧收缩而使结构产生裂缝。加速碳化的原因是：混凝土周围介质的相对湿度、温度、压力、二氧化碳浓度的影响；施工中振捣与养护好坏的影响；水泥用量、水灰比、水泥品种的影响；骨料品种、外加剂、粉煤灰参量的影响；混凝土强度等级的影响等。由于空气中二氧化碳的浓度较低，在正常条件下，混凝土碳化的发展速度比较慢，对密实性较好的高强混凝土，保护层为 20mm 时，碳化发展到钢筋的位置需要数十年时间。

（11）钢筋锈蚀。

产生原因是：混凝土液相的 pH 值的影响，pH 值小于 4 时钢筋锈蚀速度急剧加快，混凝土的碳化将降低 pH 值；氯离子含量的影响，氯离子会破坏钢筋表面的氧化膜，使钢筋锈蚀；钢筋的混凝土保护层厚度的影响；水泥品种的影响；环境温、湿度的影响；大气、水与土层中盐的渗透作用；混凝土密实度的影响等。

上述质量通病，最终都会导致结构的承载能力降低，变形能力降低，变形增加，裂缝展开过大，结构耐久性降低。所以对混凝土结构工程的质量必须十分重视，避免形成结构隐患。

从上述质量通病的原因可以看出，只要施工过程中能严格按施工规范进行，设计能按设计规范进行，绝大部分的质量问题是可以避免的。

4.2.2 混凝土质量缺陷的处理

（1）表面抹浆修补。

对于数量不多的小蜂窝、麻面、露筋、露石的混凝土表面，主要是保护钢筋和混凝土不受侵蚀，可用1:（2～2.5）水泥砂浆抹面修整。在抹浆前需用钢丝刷或加压力的水清洗，润湿，抹浆初凝后要加强养护工作。

对结构构件承载能力无影响的细小裂缝，可将裂缝处加以冲洗，用水泥砂浆抹补。如果裂缝较大、较深时，应将裂缝附近的混凝土表面凿毛，或沿裂缝方向凿成深为15～20mm、宽为100～200mm的V形凹槽，扫净并洒水湿润，先刷一层水泥砂浆，然后用1:（2～2.5）水泥砂浆分2～3层涂抹，总厚度控制在10～20mm，并压实抹光。

（2）细石混凝土填补。

当蜂窝比较严重或露筋较深时，应除掉附近不密实的混凝土的突出骨料颗粒，用清水洗刷干净并充分润湿后，再用比原强度等级高一级的细石混凝土填补并仔细捣实。

对孔洞的补强，可在旧混凝土表面采用处理施工缝的方法处理，将孔洞处疏松的混凝土和突出的石子剔凿掉，孔洞顶部要凿至斜面，避免形成死角，然后用水刷洗干净，保持湿润72h后，用比原混凝土强度等级高一级的细石混凝土捣实。混凝土的水灰比宜控制在0.5以内，并掺水泥用量0.01%的铝粉，分层捣实，以免新旧混凝土的接触面上出现裂缝。

（3）水泥灌浆与化学灌浆。

对于影响结构承载力，或者影响防水、防渗性能的裂缝，为恢复结构的整体性和抗渗性，应根据裂缝的宽度、性质和施工条件等，采用水泥灌浆的方法予以修补。一般对宽度大于 0.5mm 的裂缝，可采用水泥灌浆；宽度小于 0.5mm 的裂缝，宜采用化学灌浆。

4.3 钢结构质量通病防治

钢结构具有自身强度高、抗震能力强、工业化程度高、施工速度快、环保等特点，钢材可回收利用符合可持续发展，更是顺应时代的要求，由于钢结构具有以上诸多优点，近几年来，钢结构得到了迅猛的发展，钢结构在各个领域得到了广泛的应用。钢结构工程的质量通病也越来越引起人们的重视，因此针对钢结构工程施工中常见的质量通病提前采取一些预防措施控制，具有很重要的现实意义和必要性。

4.3.1 钢结构工程所用的原材料与设计或规范不符

4.3.1.1 钢材用错

钢构用钢材主要有碳素结构钢 Q235 钢、低合金钢 16Mn 钢、15MnV 钢等，其中 Q235 钢共分 A、B、C、D 四个等级。很多工程设计常采用 Q235B 钢，该种钢的冲击韧性要求高，但在实际工程施工中，很多人想当然认为使用 Q235 钢即可，所以常有采用不符合设计要求的 Q235A 钢的情况。实际上该钢号只保证抗拉强度、屈服强度、延伸率和冷弯性能，不保证冲击韧性，而且因含碳量高而可焊性较差，对于有吊车梁等承受动载的构件，必须保证钢材具有冲击韧性。另外，有些设计单位仅在设计图上标明 Q235 钢，而未注明等级，这个问题必须向设计人员澄清，在图纸上明确标出。

4.3.1.2 焊条用错

Q235 钢同 Q345 钢连接，大多错误地采用 E50 系列焊条。这种情况在设计无要求时常会产生。通常，对于 Q235 钢来说，焊条应选用 E43 系列，对于

Q345 钢，应选用 E50 系列。对此，我们必须认识到用错焊条相当于用错钢材，所以，对焊条必须严格按照规范要求进行正确选用，不可盲目地凭经验选用。

4.3.2 柱脚预埋螺栓偏差

4.3.2.1 预埋螺栓定位不准

预埋螺栓的定位不准，常造成钢柱安装困难，有时将柱顶部混凝土拉碎或拉崩；或者造成柱脚板需扩孔等后续问题。

造成预埋螺栓偏位的原因主要有：

（1）测量时仪器的误差和测量人员在测量时造成的误差。

（2）浇筑中的移位，现在浇筑过程中都是采用机械化，混凝土流速大，流量也大，对模板的冲击力大；还有混凝土在模板四周分布不均匀，模板各边受力差别大，这些都会引起模板的变形和移位，从而造成螺栓的整体移位、螺栓的倾斜，这一偏差较大，常以厘米计，往往造成柱子难以达到准确的位置。

（3）施工时，一般混凝土浇筑施工和钢结构不是同一施工队，前者工人一般不考虑后者的施工，振动棒和铁锹随意碰到预埋螺栓，这一偏差也较大。

防治措施：使用经过检测合格的测量仪器，提高测量准确度，尽可能减小测量误差。施工时控制混凝土的入模速度，减小对模板的冲击力。现场技术人员加强监督管理。浇筑混凝土时，要求钢结构施工队安排专人进行值班，发现移位及时纠正。

4.3.2.2 预埋螺栓标高偏差

螺栓标高的偏差，这种成因与平面位置偏差成因相同。有时担心混凝土浇筑面超高，施工时故意将混凝土面做低，这样使预埋螺栓外露过长，当采用下螺母调整柱的标高时，预埋螺栓承受着柱传来的竖向力和水平推力，预埋螺栓成为悬臂的受压弯构件，这种荷载可能使细长预埋螺栓失稳而破坏，这也是造成许多钢结构工程在安装过程中倒塌的直接原因。

防治措施：像上面这种情况就不能单独用下螺母来调整柱子的高度，下面一定要加垫板支承。垫板应设置在靠近地脚螺栓的柱脚底板下，每根地脚螺栓则应设1～2组垫板，每组垫板不得多于5块。另外须注意垫板与基础面和柱底面接触应平整、紧密，二次浇灌混凝土前垫板间应焊接固定。

4.3.3 高强度螺栓连接安装不符合规范要求

产生原因：基本概念不清楚，将高强度螺栓和普通螺栓混为一谈，没有认识到高强度螺栓的重要性，施工时没有严格按照规范进行施工，凭经验施工。

防治措施：正确理解高强度螺栓，并严格按照规范进行操作，关键是各级技术人员要加强监督检查，高强度螺栓的拧紧应分为初拧、终拧。对于大型节点应分为初拧、复拧、终拧。初拧扭矩为施工扭矩的50%左右，复拧扭矩等于初拧扭矩。为防止遗漏，对初拧或复拧后的高强度螺栓，应使用颜色在螺母上涂上标记。对终拧后的高强度螺栓，再用另一种颜色在螺母上涂上标记。高强度螺栓现场安装中严禁气割扩孔。高强度螺栓外露一般要求不少于2～3扣，允许有10%的外露1扣或4扣。

高强度螺栓在初拧、复拧和终拧时，连接处的螺栓应按一定顺序施拧，一般应由螺栓群中央顺序向外拧紧。

高强度螺栓的初拧、复拧、终拧应在同一天完成，不可在第二天以后才完成终拧。

施工扭矩的正确计算方法：按相关规范进行计算，初拧扭矩的计算公式：

扭剪型：$T_0 = 0.065 P_c \times d$

大六角型：$T_0 = 0.5 T_c$

终拧时，扭剪型高强度螺栓以梅花头拧掉为拧紧标志。对于除因构造原因无法使用工具拧掉梅花头的，其在终拧中不掉的梅花头不能超过该节点螺栓总数的5%，且要按照规范要求用扭矩法等进行标记，并进行终拧扭矩检查。

大六角头高强度螺栓的施工扭矩按下式计算确定：

$$T_c = k \times P_c \times d$$

式中 T_c——施工扭矩（N·m）；

k——扭矩系数，参照规范进行选取；

P_c——高强度螺栓施工预拉力标准值（kN）；

d——高强度螺栓公称直径（mm）。

4.3.4 构件拼装偏差

产生原因：构件在运输及堆放时产生变形，起吊后产生挠曲变形，安装时的累计误差。

防治措施：构件在装车运输过程中要采取有效保护措施，卸车堆放必须垫平整；对大型构件的起吊位置，要经过计算确认；选择合理吊点，要统一指挥，平稳起吊；为尽量消除累计误差，构件在拼装时应从中间往两边分，并加强过程测量，发现偏差后，要及时找出原因并调正校好；安装过程中如发现偏差过大，不能强行校正或随意扩孔，应交设计方采取技术补救措施解决。

4.3.5 钢柱垂直偏差

产生原因：钢柱吊装完成后，柱脚垫块没有及时垫好，或者垫块不平衡。

防治措施：钢柱吊装完成后，要在柱脚的四个方向及时加塞钢垫块，防止钢柱加荷后失稳变形。当测量校正完成之后，要及时进行二次灌浆，并要确保灌浆质量。

4.3.6 屋面及天沟漏水

产生原因：收口收边搭接处没有处理好，打胶不好。

防治措施：屋面漏水多发生在屋面板与采光板、通风设备之间的搭接处，故应对上述位置作重点检查。天沟漏水除多发生在搭接位置外，要特别注意屋面板伸入天沟处的搭接收边，要防止雨水倒流进室内；同时要注意天沟内的排水管帽应使用球形管帽，不宜使用平蓖管帽，以免造成排水不畅。

4.3.7 钢结构防火涂料

产生原因：防火涂料厚度不够，表面凹凸不平。

防治措施：钢结构进行喷涂前，表面的铁锈、尘土杂物清除干净，防火涂料施工时应分遍喷涂，喷涂时，喷嘴应与钢材表面保持垂直，喷嘴至钢材表面距离以保持在 40～60cm 为宜，必须在前一遍基本干燥或固化后，用铲刀刮去漆面上留有的砂粒、漆皮等，再进行第二遍喷涂，喷涂时操作人员应注意喷涂的厚度，应用测厚仪随时监测涂层厚度，喷涂后的涂层应剔除乳凸，表面应均匀平整。

4.4 砖砌体质量通病防治

在建筑工程中，砖砌体结构占有很大的比例，在此类房屋竣工验收检查时，甚至房屋使用过程中，往往会由于地基不均匀下沉和温度变化的影响，使墙体表面产生一些不同性质的裂缝。

4.4.1 砖砌体结构的质量通病

4.4.1.1 砌筑砂浆方面

（1）砂浆强度不稳定，强度波动较大，匀质性差，强度低于设计要求的情况较多。

（2）砂浆和易性不好，砌筑时铺摊和挤浆都较困难，灰缝砂浆的饱满度达不到 80％，同时也使砂浆与砖的粘结力减弱，影响到砌体质量。

（3）砂浆保水性差，容易产生沉淀、泌水现象，或者灰槽中砂浆存放时间过长，最后砂浆沉底结硬，砌筑质量下降。

4.4.1.2 砌体方面

（1）砖砌体组砌混乱。混水墙面组砌方法混乱，出现直缝和"二层皮"，砖柱采用包心砌法，里外皮砖层互不相咬，形成周圈通天缝，降低了砌体强度和整体性，砖规格尺寸误差对清水墙面影响较大，如组砌形式不当，形成竖缝宽窄不均。

（2）砖缝砂浆不饱满，砂浆与砖粘结不良。砖层水平灰缝砂浆饱满度低于规范规定。

（3）清水墙面游丁走缝。大面积的清水墙面常出现丁砖竖缝歪斜、宽窄不匀，丁不压中（丁砖在下层顺砖上不居中），清水墙窗台部位与窗间墙部位的上下竖缝发生错位，墙面凹凸不平，水平缝不直，直接影响到清水墙面的质量和美观。

（4）配筋砌体钢筋遗漏和锈蚀。配筋砌体水平配筋中钢筋操作时漏放，或没有按照设计规定放置配筋，砖缝中砂浆不饱满，年久钢筋遭到严重锈蚀而失去作用，使配筋砌体强度大幅度地降低。

4.4.1.3 墙体裂缝

（1）斜裂缝一般发生在纵墙的两端，多数裂缝通过窗口的两个对角，裂缝向一个方向倾斜，并由下向上发展。

（2）水平裂缝有两种情况：其一，水平裂缝在窗间墙的上下对角处成对出现，一边在上、一边在下。其二，水平裂缝发生在平屋顶屋檐下或顶层圈梁2～3皮砖的灰缝位置，裂缝一般沿外墙顶部断续分布，两端较中间严重，在转角处，纵、横墙水平裂缝相交而形成包角裂缝。

（3）竖向裂缝发生在纵墙中央的顶部和底层窗台处，裂缝上宽下窄。当纵墙顶层有钢筋混凝土圈梁时，顶层中央顶部竖直裂缝则较少。

（4）八字裂缝出现在顶层纵墙的两端，有时也可能发生在横墙上。裂缝宽度一般中间大、两端小。当外纵墙两端有窗时，裂缝沿窗口对角方向裂开。

4.4.2 防治措施

4.4.2.1 砌筑砂浆质量控制

（1）砂浆配合比的确定。应结合现场的材质情况进行试配，在满足砂浆和易性的条件下，控制砂浆的强度。

（2）建立施工计量工具校验、维修、保管制度，以保证计量的准确性。

（3）低强度等级砂浆必须使用混合砂浆，如使用混合砂浆确有困难，可掺微沫剂，达到改善砂浆和易性的目的。

（4）水泥混合砂浆中的塑化材料，应符合试验室试配时的材质要求。现场的塑化材料应存放在灰池中妥善保管，防止暴晒、风干结硬，并应经常浇水保持湿润。

（5）不宜选用强度等级过高的水泥和过细的砂子拌制砂浆，严格执行施工配合比，保证搅拌时间。

4.4.2.2　墙、柱、垛

（1）应使操作者了解砖墙组砌形式不单纯是为了清水墙美观，同时也是为了满足传递荷载的需要。因此，不论清、混水墙，墙体中砖缝搭接不得少于砖长的搭接要求，半砖头应分散砌于混水墙中。砖柱横、竖向灰缝的砂浆都必须饱满，每砌完一层砖，都要进行一次竖缝刮浆塞缝工作，以提高砌体强度。

（2）改进砌筑方法。不宜采取推尺铺灰法或摆砖砌筑，正确采用"三一砌砖法"，即使用一铲灰、一块砖、一揉挤的砌筑方法。

（3）砌墙前应先测定所砌部位基面标高误差，通过调整灰缝厚度，调整墙体标高。砌筑时应注意灰缝均匀，标高误差应分配在一步架的各层砖缝中，逐层调整。在安排施工组织计划时，对施工留槎应作统一考虑。外墙大角尽量做到同步砌筑不留槎，或一步架留槎处，二步架改为同步砌筑，以加强墙角的整体性，纵横墙交接处，有条件时尽量安排同步砌筑。注意接槎的质量，首先应将接槎处清理干净，然后浇水湿润，接槎时，槎面要填实砂浆，并保持灰缝平直。

（4）砌体中的配筋与混凝土中的钢筋一样，都属于隐蔽工程项目，应加强检查，并填写检查记录存档。施工中，对所砌部位需要的配筋应一次备齐，以便检查有无遗漏。砌筑时，配筋端头应从砖缝处露出，作为配筋标志。配筋砌体一般均使用强度等级较高的水泥砂浆，为了使挤浆严实，严禁用干砖砌筑。应采取满铺满挤，也可适当敲砖振实砂浆层，使钢筋能很好地被砂浆包裹。

4.4.2.3 墙体裂缝

（1）加强地基探槽工作。对于较复杂的地基，在基槽开挖后应进行普遍钎探，待探出的软弱部位进行加固处理后，方可进行基础施工。

（2）合理设置沉降缝。凡不同荷载、长度过大、平面形状较为复杂，同一建筑物地基处理方法不同和有部分地下室的房屋，都应从基础开始分成若干部分，设置沉降缝，使其各自沉降，以减少或防止裂缝产生。

（3）加强上部结构的刚度，提高墙体抗剪强度。由于上部结构刚度较强，可以使砌体上部荷载均匀传递，避免由于不均匀荷载使砌体产生裂缝。故应在基础顶面处及各楼层门窗口上部设置圈梁，减少建筑物端部门窗数量。

（4）合理安排屋面保温层施工。由于屋面结构层施工完毕至做好保温层，中间有一段时间间隔，因此屋面施工应尽量避开高温季节。屋面挑檐可采取分块预制或者顶层圈梁与墙体之间设置滑动层。按规定留置伸缩缝，以减少温度变化对墙体产生的影响。砌体结构的质量直接关系到建筑物的使用寿命，也影响到建筑物的抗震效果。因此，设计人员在砌体设计过程中，要综合考虑各方面的影响，深刻理解并正确运用设计规范，施工单位要严格按施工操作规程和施工验收规范进行施工，只有这样，才能保证砌体质量。

4.5 模板工程质量通病防治

4.5.1 轴线位移

现象：混凝土浇筑后拆除模板时，发现柱、墙实际位置与建筑物轴线位置有偏移。

原因分析：

（1）翻样不认真或技术交底不清，模板拼装时组合件未能按规定到位。

（2）轴线测放产生误差。

（3）墙、柱模板根部和顶部无限位措施或限位不牢，发生偏位后又未及时纠正，造成累计误差。

（4）支模时，未拉水平、竖向通线，且无竖向垂直度控制措施。

（5）模板刚度差，未设水平拉杆或水平拉杆间距过大。

（6）混凝土浇筑时未均匀对称下料，或一次浇筑高度过高造成侧压力大挤偏模板。

（7）对拉螺栓、顶撑、木楔使用不当或松动造成轴线偏位。

防治措施：

（1）严格按1∶10～1∶15的比例将各分部、分项翻成详图并注明各部位编号、轴线位置、几何尺寸、剖面形状、预留孔洞、预埋件等，经复核无误后认真对生产班组及操作工人进行技术交底，作为模板制作、安装的依据。

（2）模板轴线测放后，组织专人进行技术复核验收，确认无误后才能支模。

（3）墙、柱模板根部和顶部必须设可靠的限位措施，如采用现浇楼板混凝土上预埋短钢筋固定钢支撑，以保证底部位置准确。

（4）支模时要拉水平、竖向通线，并设竖向垂直度控制线，以保证模板水平、竖向位置准确。

（5）根据混凝土结构特点，对模板进行专门设计，以保证模板及其支架具有足够的强度、刚度及稳定性。

（6）混凝土浇筑前，对模板轴线、支架、顶撑、螺栓进行认真检查、复核，发现问题及时进行处理。

（7）混凝土浇筑时，要均匀对称下料，浇筑高度应严格控制在施工规范允许的范围内。

4.5.2　标高偏差

现象：测量时，发现混凝土结构层标高及预埋件、预留孔洞的标高与施工图设计标高之间有偏差。

原因分析：

（1）楼层无标高控制点或控制点偏少，控制网无法闭合；竖向模板根部未找平。

（2）模板顶部无标高标记，或未按标记施工。

（3）高层建筑标高控制线转测次数过多，累计误差过大。

（4）预埋件、预留孔洞未固定牢，施工时未重视施工方法。

（5）楼梯踏步模板未考虑装修层厚度。

防治措施：

（1）每层楼设足够的标高控制点，竖向模板根部须做找平。

（2）模板顶部设标高标记，严格按标记施工。

（3）建筑楼层标高由首层±0.000 标高控制，严禁逐层向上引测，以防止累积误差，当建筑高度超过 30m 时，应另设标高控制线，每层标高引测点应不少于 2 个，以便复核。

（4）预埋件及预留孔洞，在安装前应与图纸对照，确认无误后准确固定在设计位置上，必要时用电焊或套框等方法将其固定，在浇筑混凝土时，应沿其周围分层均匀浇筑，严禁碰击和振动预埋件模板。

（5）楼梯踏步模板安装时应考虑装修层厚度。

4.5.3 结构变形

现象：拆模后发现混凝土柱、梁、墙出现鼓凸、缩颈或翘曲现象。

原因分析：

（1）支撑及围檩间距过大，模板刚度差。

（2）组拼小钢模，连接件未按规定设置，造成模板整体性差。

（3）墙模板无对拉螺栓或螺栓间距过大，螺栓规格过小。

（4）竖向承重支撑在地基土上未夯实，未垫平板，也无排水措施，造成支随部分地基下沉。

（5）门窗洞口内模间对撑不牢固，易在混凝土振捣时模板被挤偏。

（6）梁、柱模板卡具间距过大，或未夹紧模板，或对拉螺栓配备数量不足，以致局部模板无法承受混凝土振捣时产生的侧向压力，导致局部爆模。

（7）浇筑墙、柱混凝土速度过快，一次浇灌高度过高，振捣过度。

（8）采用木模板或胶合板施工，经验收合格后未及时浇筑混凝土，长期日晒雨淋面变形。

防治措施：

（1）模板及支撑系统设计时，应充分考虑其本身自重、施工荷载及混凝土的自重及浇捣时产生的侧向压力，以保证模板及支架有足够的承载能力、刚度和稳定性。

（2）梁底支撑间距应能够保证在混凝土重量和施工荷载作用下不产生变形，支撑底部若为泥土地基，应先认真夯实，设排水沟，并铺放通长垫木或型钢，以确保支撑不沉陷。

（3）组合小钢模拼装时，连接件应按规定放置，围檩及对拉螺栓间距、规格应按设计要求设置。

（4）梁、柱模板若采用卡扣时，其间距要规定设置，并要卡紧模板，其宽度比截面尺寸略小。

（5）梁、墙模板上部必须有临时撑头，以保证混凝土浇捣时，梁、墙上口宽度。

（6）浇捣混凝土时，要均匀对称不下料，严格控制浇灌高度，特别是门窗洞口模板两侧，既要保证混凝土振捣密实，又要防止过分振捣引起模板变形。

（7）对跨度不小于4m的现浇钢筋混凝土梁、板，其模板应按设计要求起拱；当设计无具体要求时，起拱高度宜为跨度的 $1/1000 \sim 3/1000$。

（8）采用木模板、胶合板模板施工时，经验收合格后应及时浇筑混凝土，防止木模板长期日晒雨淋发生变形。

4.5.4 接缝不严

现象：由于模板间接缝不严有间隙，混凝土浇筑时产生漏浆，混凝土表面出现蜂窝，严重的出现孔洞、露筋。

原因分析：

（1）翻样不认真或有误，模板制作马虎，拼装时接缝过大。

（2）木模板安装周期过长，因木模干缩造成裂缝。

（3）木模板制作粗糙，拼缝不严。

（4）浇筑混凝土时，木模板未提前浇水湿润，使其胀开。

（5）钢模板变形未及时修整。

（6）钢模板接缝措施不当。

（7）梁、柱交接部位，接头尺寸不准、错位。

防治措施：

（1）翻样要认真，严格按 1:10～1:50 比例将各分部分项细部翻成详图，详细编注，经复核无误后认真向操作工人交底，强化工人质量意识，认真制作定型模板和拼装。

（2）严格控制木模板含水率，制作时拼缝严密。

（3）木模板安装周期不宜过长，浇筑混凝土时，木模板要提前浇水湿润，使其胀开密缝。

（4）钢模板变形，特别是边杠外变形，要及时修整平直。

（5）钢模板间嵌缝措施要控制，不能用油毡、塑料布、水泥袋等去嵌缝堵漏。

（6）梁、柱交接部位支撑要牢靠，拼缝要严密（必要时缝间加双面胶纸），发生错位要校正好。

4.5.5 隔离剂使用不当

现象：模板表面用废机油涂刷造成混凝土污染，或混凝土残浆不清除即刷隔离剂，造成混凝土表面出现麻面等缺陷。

原因分析：

（1）拆模后不清理混凝土残浆即刷隔离剂。

（2）隔离剂涂刷不匀或漏涂，或涂层过厚。

（3）使用了废机油隔离剂，既污染了钢筋及混凝土，又影响了混凝土表现装饰质量。

防治措施：

（1）拆模后，必须清除模板上遗留的混凝土残浆后，再刷隔离剂。

（2）严禁用废机油作隔离剂，隔离剂材料选用原则应为：既便于隔离又便于混凝土表面装饰。选用的材料有皂液、滑石粉、石灰水及其混合液和各种专用化学制品隔离剂等。

（3）隔离剂材料宜拌成稠状，应涂刷均匀，不得流淌，一般刷两遍为宜，以防漏刷，也不宜涂刷过厚。

（4）隔离剂涂刷后，应在短期内及时浇筑混凝土，以防隔离层遭受破坏。

4.5.6　模板未清理干净

现象：模板内残留木块、浮浆残渣、碎石等建筑垃圾，拆模后发现混凝土中有缝隙，且有垃圾夹杂物。

原因分析：

（1）钢筋绑扎完毕，模板位置未用压缩空气或压力水清扫。

（2）封模前未进行清扫。

（3）墙柱根部、梁柱接头最低处未留清扫孔，或所留位置不当无法进行清扫。

防治措施：

（1）钢筋绑扎完毕，用压缩空气或压力水清除模板内垃圾。

（2）地封模前，派专人将模内垃圾清除干净。

（3）墙柱根部、梁柱接头处未留清扫孔，预留孔尺寸≥100mm×100mm，模内垃圾清除完毕后及时将清扫口处封严。

4.5.7　封闭或竖向模板无排气孔、浇捣孔

现象：由于封闭或竖向的模板无排气孔，混凝土表面易出现气孔等缺陷，

高柱、高墙模板未留浇捣孔，易出现混凝土浇捣不实或空洞现象。

原因分析：

（1）墙体内大型预留洞口底模未设排气孔，易使混凝土对称下料时产生气囊，导致混凝土不实。

（2）高柱、高墙侧模无浇捣孔，造成混凝土浇灌自由落距过大，易离析或振动棒不能插到位，造成振捣不实。

防治措施：

（1）墙体的大型预留洞口（门窗洞等）底模应开设排气孔，使混凝土浇筑时气泡及时排出，确保混凝土浇筑密实。

（2）高柱、高墙（超过 3m）侧模要开设浇捣孔，以便于混凝土浇灌和振捣。

4.5.8 模板支撑选配不当

现象：由于模板支撑体系选配和支撑方法不当，结构混凝土浇筑时产生变形。

原因分析：

（1）支撑选配马虎，未经过安全验算，无足够的承载能力及刚度，混凝土浇筑后模板变形。

（2）支撑稳定性差，无保证措施，混凝土浇筑后支撑自身失稳，使模板变形。

防治措施：

（1）根据不同的结构类型和模板类型选配模板支撑系统，以便相互协调配套。使用时，应对支承系统进行必要的验算和复核，尤其是支柱间距应经计算确定，确保模板支撑系统具有足够的承载能力、刚度和稳定性。

（2）木质支撑体系如与木模板配合，木支撑必须钉牢楔紧，支柱之间必须加强拉结连紧，木支柱脚下用对拔木楔调整标高并固定，荷载过大的木模板支撑体系可采用枕木堆塔方法操作，作扒钉固定好。

（3）钢质支撑体系其钢楞和支撑的布置形式应满足模板设计要求，并能保证安全承受施工荷载，钢管支撑体系一般宜扣成整体排架式，其立柱纵横间距一般为 1m 左右（荷载大时应采用密排形式），同时应加设斜撑和剪刀撑。

（4）支撑体系的基底必须坚实可靠，竖向支撑基底为土层时，应在支撑底铺垫型钢或脚手板等硬质材料。

（5）在多层或高层施工中，应注意逐层加设支撑，分层分散施工荷载。侧向支撑必须支顶牢固，拉结和加固可靠，必要时应打入地锚或在混凝土中预埋铁件和短钢筋头作撑脚。

4.6 屋面质量通病防治

4.6.1 屋面找平层

屋面找平层是屋面工程中一个重要分项工程。大量工程实践证明，各类卷材屋面、涂膜防水屋面的施工质量、与屋面找平层的设计构造和施工工艺密切相关。

4.6.1.1 找坡不准，排水不畅

现象：找平层施工后，在屋面上容易发生局部积水现象，尤其在天沟、檐沟和水落口周围，下雨后积水不能及时排出。

原因分析：

（1）屋面出现积水主要是排水坡度不符合设计要求。

（2）天沟、檐沟纵向坡度在施工操作时控制不严，造成排水不畅。

（3）水落管内径过小，屋面垃圾、落叶等杂物未及时清扫。

预防措施：

（1）根据建筑物的使用功能，在设计中应正确处理分水、排水和防水之间的关系。平屋面宜由结构找坡，其坡度宜为 3%；当采用材料找坡时，宜为 2%。

（2）天沟、檐沟的纵向坡度不应小于 1‰，沟底水落差不得超过 200mm，水落管直径不应小于 75mm，1 根水落管的屋面最大汇水面积宜小于 200m²。

（3）屋面找平层施工时，应严格按照设计坡度拉线，并在相应位置上设基准点（冲筋）。

（4）屋面找平层施工完成后，应及时对屋面坡度、平整度进行组织验收。必要时可在雨后检查屋面是否积水。

处理方案：按照规范标准规定，对局部找补细部处理，达到相关设计规范要求。

4.6.1.2　找平层起砂、起皮

现象：找平层施工后，屋面表面出现不同颜色的分布不均的砂粒，用手一搓，砂子就会分层浮起；用手击拍，表面水泥胶浆会成片脱落或有起皮、起鼓现象；用木槌敲击，有时还会听到空鼓的哑声。找平层起砂、起皮是两种不同的现象，但有时会在一个工程中同时出现。

原因分析：

（1）结构层或保温层高低不平，导致找平层施工厚度不均。

（2）配合比不准，使用过期和受潮结块的水泥；砂子含泥量过大。

（3）屋面基层清扫不干净，找平层施工前基层未刷水泥净浆。

（4）水泥砂浆搅拌不均，摊铺压实不当，特别是水泥砂浆在收水后未能及时进行二次压实和收光。

（5）水泥砂浆养护不充分，特别是保温材料的基层，更易出现水泥水化不完全的问题。

预防措施：

（1）严格控制结构或保温层的标高，确保找平层的厚度符合设计要求。

（2）在松散材料保温层上做找平层时，宜选用细石混凝土材料，其厚度一般为 30～35mm，混凝土强度等级应大于 C20。必要时，可在混凝土内配置双向 $\phi4@200mm$ 的钢丝网片。

（3）水泥砂浆找平层宜采用 1∶2.5～1∶3（水泥∶砂）体积配合比，水

泥强度等级不低于32.5级；不得使用过期和受潮结块的水泥，砂子含泥量不大于5%。当采用细砂骨料时，水泥砂浆配合比宜改为1：2（水泥：砂）。

（4）水泥砂浆摊铺前，屋面基层应清扫干净，并充分湿润，但不得有积水现象。摊铺前应用水泥净浆薄薄涂刷一层，确保水泥砂浆与基层粘结良好。

（5）水泥净浆宜用机械搅拌，并要严格控制水灰比（一般为0.6～0.65），砂浆稠度为70～80mm，搅拌时间不得少于1.5min。搅拌后的水泥砂浆宜达到"手捏成团、落地开花"的操作要求，并应做到随拌随用。

（6）做好水泥砂浆的摊铺和压实工作。推荐采用木靠尺刮平，木抹子初压，并在初凝收水前再用铁抹子二次压实和收光的操作工艺。

（7）屋面找平层施工后应及时覆盖浇水养护（宜用薄膜塑料布或草袋），使其表面保持湿润，养护时间宜为7～10d。也可使用喷养护剂、涂刷冷底子油等方法进行养护，保证砂浆中的水泥能充分水化。

处理方案：

（1）对于面积不大的轻度起砂，在清扫表面浮砂后，可用水泥净浆进行修补；对于大面积起砂的屋面，则应将水泥砂浆找平层凿至一定深度，再用1：2（体积比）水泥砂浆进行修补，修补厚度不宜小于15mm，修补范围宜适当扩大。

（2）对于局部起皮或起鼓部位，在挖开后可用1：2（体积比）水泥砂浆进行修补。修补时应做好基层及新旧部位的接缝处理。

（3）对于成片或大面积的起皮或起鼓屋面，则应产出后返工重做。为保证返修后的工程质量，此时可采用"滚压法"抹压工艺。先以ϕ200mm、长为700mm的钢管（内灌混凝土）制成压辊，在水泥砂浆找平层摊铺、刮平后，随即用压辊来回滚压，要求压实、压平，直到表面泛浆为止，最后用铁抹子赶光、压平。采用"滚压法"抹压工艺，必须使用半干硬性的水泥砂浆，且在滚压后适时地进行养护。

4.6.1.3 找平层开裂

现象：找平层出现无规则的裂缝比较普遍，主要发生在有保温层的水泥砂浆找平层上。这些裂缝一般分为断续状和树枝状两种（图 4-1），裂缝宽度一般在 0.3mm 以下，个别可达 0.5mm 以上，出现时间主要发生在水泥砂浆施工初期至 20d 左右龄期内。不少工程实践证明，找平层中较大的裂缝还易引发防水卷材开裂（包括延伸性较好的改性沥青或合成高分子的防水卷材在内），且两者的位置、大小互为对应，如图 4-2 所示。

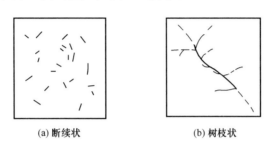

(a) 断续状　　　　　　　　(b) 树枝状

图 4-1　水泥砂浆找平层常见无规则裂缝

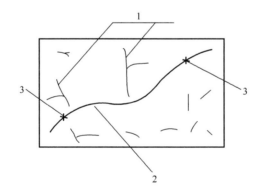

图 4-2　因水泥砂浆找平层无规则裂缝引发卷材防水层开裂（某工程实例）

1—基层龟裂（0.2～0.3mm）；2—基层裂缝（宽度大于 0.5mm）；3—橡胶卷材裂缝口

另一种在找平层上出现横向有规则裂缝，这种裂缝往往是通长和笔直的，裂缝间距为 4～6m。

原因分析：

（1）在保温屋面中，如采用水泥砂浆找平层，其刚度和抗裂性明显不足。

（2）在保温层上采用水泥砂浆找平，两种材料的线膨胀系数相差较大，且保温材料容易吸水。

（3）找平层的开裂还与施工工艺有关，如抹压不实、养护不良等。

找平层上出现横向有规则裂缝，主要是因屋面温差变化较大所致。

预防措施：

（1）在屋面防水等级为Ⅰ、Ⅱ级的重要工程中，可采取如下措施：

1）对于整浇的钢筋混凝土结构基层，一般应取消水泥砂浆找平层。这样可以省去找平层的工料费，也可以保持有利于防水效果的施工基面。

2）对于保温屋面，在保温材料上必须设置 35～46mm 厚的 C20 细石混凝土找平层，内配 $\phi^P 4@200mm \times 200mm$ 钢丝网片。

3）对于装配式钢筋混凝土结构板，应先将板缝用细石混凝土灌缝密实，板缝表面（深约 20mm）宜嵌填密封材料。为了使基层表面平整，并有利于防水施工，此时也宜采用 C20 的细石混凝土找平层，厚度为 30～35mm。

（2）找平层应设分格缝，分格缝宜设在板端处，其纵横的最大间距：水泥砂浆或细石混凝土找平层不宜大于 6m（根据实际观察最好控制在 5m 以下）；沥青砂浆找平层不宜大于 4m。水泥砂浆找平层分格缝的缝宽宜小于 10mm，如分格缝兼作排气屋面的排气道时，可适当加宽为 20mm，并应与保温层相连通。

（3）对于抗裂要求较高的屋面防水工程，水泥砂浆找平层中，宜掺微膨胀剂。

处理方案：

（1）对于裂缝宽度在 0.3mm 以下的无规则裂缝，可用稀释后的改性沥青防水涂料多次涂刷，予以封闭。

（2）对于裂缝宽度在 0.3mm 以上的无规则裂缝，除了对裂缝进行封闭外，还宜在裂缝两边加贴"一布二涂"有胎体材料的涂膜防水层，贴缝宽度一般为 70～100mm。

（3）对于横向有规则的裂缝，则应在裂缝处将砂浆找平层凿开，形成温度分格缝。

4.6.2 卷材防水屋面

4.6.2.1 屋面开裂

现象：卷材屋面开裂一般有两种情况，一种是装配式结构屋面上出现的有规则横向裂缝。当屋面无保温层时，这种横向裂缝往往是通长和笔直的，位置正对屋面板支座的上端；当屋面有保温层时，裂缝往往是断续的、弯曲的，位于屋面板支座两边 10～50cm 的范围内。这种有规则裂缝一般在屋面完工后 1～4年的冬季出现，开始细如发丝，以后逐渐加剧，一直发展到 1～2mm 乃至更宽。另一种是无规则裂缝，其位置、形状、长度各不相同，出现的时间也无规律，一般贴补后不再裂开。

原因分析：

（1）产生有规则横向裂缝的主要原因是温度变化，屋面板产生胀缩，引起板端角变。此外，卷材质量低、老化或在低温条件下产生冷脆，降低了其韧性和延伸度等原因也会产生横向裂缝。

（2）产生无规则裂缝的原因，有卷材搭接太小、卷材收缩后接头开裂、翘起、卷材老化龟裂、鼓泡破裂或外伤等。此外，找平层的分割缝设置不当或处理不好，以及水泥砂浆不规则开裂等，也会引起卷材的无规则裂缝。

预防措施：

（1）在应力集中、基层变形较大的部位，如屋面板拼缝处等，先干铺一层卷材条作为缓冲层，使卷材能适应基层伸缩的变化。找平层应设分割缝，防水卷材采用满粘法施工时，在分格缝处宜做空铺，宽为 100mm。

（2）选用合格的卷材，腐朽、变质者应剔除不用。

（3）沥青玛琋脂事先经过试配，耐热度、柔韧性和粘结力三个指标必须全部符合质量标准。在寒冷地区施工，还应考虑玛琋脂的冷脆问题。

（4）沥青和玛琋脂的熬制温度不应过高，熬制时间不能过长，以免影响沥青玛琋脂的柔韧性，加速材料的老化。熬制脱水后的恒温加热时间以 3～4h

为宜。

（5）卷材铺贴后，不得有粘结不牢或翘边等缺陷。

（6）砖混结构住宅的楼板与屋面板中，将预制空心楼板改为整体现浇板，对防止屋面开裂可收到实效。

（7）卷材防水层上有重物覆盖或基层变形较大时，应优先采用空铺法、点粘法、条粘法或机械固定法（此法仅适用于 PVC 卷材）。但距屋面周边800mm 内应满粘，卷材与卷材之间也应满粘。

处理方案：

（1）无规则裂缝的位置、形状、长度各不相同，宜沿裂缝铺贴宽度不小于250mm 的卷材，或涂刷带有脂体增强材料的涂膜防水层，其厚度宜为1.5mm。治理前应先将裂缝处杂物及面层浮灰清除干净，待干燥后再按上述方法满粘或满涂，贴实封严。

（2）对有规则裂缝，应先清除缝内杂物及裂缝两侧面层的浮灰，并喷涂基层处理剂，然后在裂缝内嵌填密封材料，缝上单边点粘宽度不小于 200mm 卷材隔离层，面层应用宽度大于 300mm 的卷材粘贴覆盖（在隔离层处应空铺），且与原防水的有效粘结宽度不应小于 100mm。

4.6.2.2 屋面流淌

现象：

（1）严重流淌：流淌面积占屋面 50% 以上，大部分流淌长度超过卷材搭接长度。卷材大多折皱成团，垂直面卷材拉开脱空，卷材横向搭接有严重错动。在一些脱空和拉断处，产生漏水。

（2）中等流淌：流淌面积占屋面的 20%～50%，大部分流淌长度在卷材搭接长度范围之内，屋面有轻微折皱，垂直面卷材被拉开 100mm 左右，只有无沟卷材脱空耸肩。

（3）轻微流淌：流淌面积占屋面 20% 以下，流淌长度仅 20～30mm，在屋架端坡处有轻微折皱。

原因分析：

（1）沥青玛琋脂耐热度偏低。

（2）沥青玛琋脂胶粘层过厚。

（3）屋面坡度过陡，且采用平行于屋脊方向铺贴卷材；或采用垂直于屋脊方向铺贴卷材，但在半坡进行短边搭接。

预防措施：

严重流淌的卷材防水层可考虑拆除重铺。轻微流淌如不发生渗漏，一般可不予治理。中等流淌可采用以下方法治理。

（1）找平层应平整、坚实、干净，以提高防水层和基层之间的粘结力。

（2）沥青玛琋脂的耐热度必须经过严格检验，其标号应按规范选用。垂直面用的耐热度还应提高5～10号。

（3）每层沥青玛琋脂厚度必须控制在1～1.5mm，确保卷材粘结牢固，长短边搭接宽度应满足规范要求。

（4）用作保护层的绿豆砂必须过筛，事先烘干预热，在玛琋脂涂刷后，趁热撒铺均匀，使砂粒牢固嵌入沥青玛琋脂之中。

（5）在垂直面上，可在铺完防水层并涂刷热沥青玛琋脂后，浇筑干硬性的细石混凝土做保护层。这种构造对应铺卷材的流淌或滑坡有较好的阻止作用。

（6）屋面坡度大于25％时，卷材防水层应采取固定措施，固定点处应密封严密。

（7）对于重要屋面防水工程，宜选用耐热性能较好的高聚物改性沥青防水卷材或合成高分子防水卷材。

治理措施：

（1）切割法：对于天沟卷材耸肩脱空等部位，可先清除绿豆砂，切开已脱空的卷材，刮除卷材底下积存的旧玛琋脂，待内部冷凝水晒干后，将下部已脱开的卷材用新的玛琋脂粘贴好，然后再加铺一层卷材，最后将上部卷材粘结盖上。

（2）局部切除重铺：对于天沟处折皱成团的卷材，先予以切除，仅保存原有卷材较为平整的部分，使之沿天沟纵向成直线（也可用喷灯烘烤玛琋脂后，将卷材剥离）；然后再治理。新旧卷材的搭接应按接槎法或搭槎法进行。

接槎法：现将旧卷材槎口切齐，并铲除槎口边缘 200mm 处的绿豆砂。新旧卷材按槎口分层对接，最后将表面一层新卷材搭入旧卷材 150mm 并压平，上做一油一砂。此法一般用于治理天窗泛水和山墙泛水处。

搭槎法：将旧卷材切成台阶形槎口，每阶宽大于 80mm。用喷灯将旧玛琋脂烤软后，分层掀起 80～150mm，把旧玛琋脂除净，卷材下面的水汽晒干。最后把新铺卷材分层压入旧卷材下面。此法多用于治理天沟处。

4.6.2.3 女儿墙推裂与渗漏

现象：砖砌女儿墙常易在转角处发生正、倒八字形的斜向裂缝，也在屋顶圈梁相交处出现断续的水平裂缝；在女儿墙的压顶上，还常见到间隔数米（如 3～4m）的垂直裂缝。女儿墙开裂后，极易引起渗漏。

原因分析：

（1）屋面结构层与女儿墙之间未留空隙，也未嵌填松散材料，致使屋面结构在高温季节暴晒时，因温度膨胀产生推力，使女儿墙发生开裂或位移，从而出现渗漏。

（2）女儿墙的压顶如采用水泥砂浆抹面，由于温差和干缩变形，使压顶出现垂直裂缝，有时往往贯通，从而引起渗漏。

（3）女儿墙推裂与渗漏，还与地基不均匀沉降、设计不周、施工质量低劣等有关。

预防措施：

（1）在炎热地区，砖混结构的建筑物可在屋顶上设置通风隔热层或采用种植屋面、倒置屋面等多种措施，可有效地防止女儿墙的推裂。

（2）对于不良地基，应采取加固处理后，才能作为建筑物地基的土层。特别在江、河、湖、海地区，更要控制软土地基引起的不均匀沉降。

（3）减少约束影响。如刚性防水层宜每隔 4～6m 设置一条温度伸缩缝；屋面结构层与女儿墙之间则应留出大于 20mm 的空隙，并用松散材料予以填充，封口收头处应密封。

（4）改进细部构造的防水处理。

（5）重要的建筑物应采用钢筋混凝土女儿墙。

治理方法：

（1）不严重影响美观和渗漏水的裂缝可不做处理，但需继续观察其发展情况。

（2）由裂缝引起的渗漏水，首先应在女儿墙内侧进行防水处理。处理时，先将裂缝部位凿成 V 形槽，在清洗干净后，可用喷灯烘烤干燥，最后用改性沥青防水油膏密封，使其达到粘结可靠和防止渗漏水的双重功效。

（3）女儿墙压顶的裂缝，其处理方法同上。

（4）对于外墙裂缝以及因渗漏水导致内外墙装饰的质量问题，其处理方法可参照本书相关章节的质量通病项目。

4.7　防水质量通病防治

4.7.1　外墙渗漏的原因及监理对策

4.7.1.1　外墙渗漏的原因

近年来，随着墙体材料改革的深化，以福州地区为例，在现浇混凝土框架结构中，采用烧结黏土多孔砖、空心砖和空心砌块做内外填充墙已达 95％以上，但外墙渗漏也成了建筑防水常见的质量通病之一。引起外墙渗漏的裂缝多见于窗台、空调洞口、梁底、管道口等地方，其产生原因如下：

（1）现浇框架结构墙体材料是后砌部分，福州地区设计时一般多采用烧结黏土多孔砖、空心砖和空心砌块，用 M510～M715 的混合砂浆砌筑，这种砌体构造使得灰缝难以饱满。

（2）设计时未统一设置空调支架预埋件和排水孔，未考虑外墙防水。外墙装饰采用陶瓷面砖时，面砖背面无法填实，防水效果较差。

（3）施工上存在多孔砖、空心砖、空心砌块砌体灰缝不饱满，梁底斜砖砌筑时没有挤紧，灰浆封堵不饱满，导致出现墙体透光缝。

（4）砌筑填充墙时为了抢工期，一次砌筑高度过高，砂浆硬化沉实将灰缝拉裂。

（5）剪力墙混凝土施工时振捣不好，为渗漏留下隐患。况且混凝土剪力墙养护难度大，容易出现裂缝。

（6）窗洞口或预留洞口未按规范要求上沿做成鹰嘴坡，下沿做内高外低的排水坡，造成雨水倒灌内渗。窗台、空调洞底部未设窗台板（$h \leqslant 6cm$ 混凝土），其余三边窗框与墙间缝隙砂浆封塞不严密；穿墙管道周边密封不严，造成雨水内渗。

（7）外墙抹灰打底找平前未湿水，致使抹上的水泥砂浆因水分过快散失加速收缩产生裂缝，同时建筑结构施工误差使得外墙抹灰层厚薄不均，薄处覆盖效果差，厚处抹灰层易开裂，亦影响防水效果。

（8）伸缩缝处理不当，未严格按图纸及规范要求施工。分包商（如煤气、安防）施工时在外墙上固定管道，破坏防水层。

（9）业主二次装修，在外墙上安装有关设施（如空调）时破坏了防水层。

4.7.1.2 预防外墙渗漏的监理对策

（1）加强图纸会审，完善外墙防水设计，排除渗水隐患。设计图纸中应明确提出墙体防水做法的具体要求，以便承建商在施工中按图施工和从实计价。

（2）确保砌筑砂浆配合比，保证砂浆的和易性和保水性。砌筑墙体前要求施工单位浇水润湿砖块，不准干砖上墙。加强施工监督，确保墙体灰缝（水平缝、竖缝）饱满。按图纸规定设置伸缩缝，并严格按规范要求进行施工和监督。

（3）严格按规范要求，按每天不超过118m的高度砌筑墙体，控制灰缝厚度在10mm左右，同时外墙抹灰前应在墙体与梁（上、下边）、柱交接处加设一道200～300mm宽的铁丝通长网片（用射钉枪钉牢），以免该处出现通长裂缝而渗水。

（4）窗台或预留洞按规范要求做鹰嘴、排水坡。门窗周围要用加微膨胀剂和防水剂的水泥砂浆塞堵密实。门窗洞口上沿要做好滴水线，下沿要做出排水坡度。对于外墙施工中留下的孔洞，如脚手洞、扁担洞、混凝土墙的穿墙螺栓孔、套管的预留孔等，必须塞砌密实，并作为一道工序进行检查验收，验收合格后才能抹灰。

（5）要求施工方做好现场协调，实现各工种间密切配合，使砌筑施工与墙体的水、电预埋管道敷设协同进行，避免以后墙体凿洞开槽。

（6）外墙抹灰前，必须提前一天湿水，同时认真检查墙面，填充墙与梁、柱交接处要钉钢丝网。抹灰必须分层进行，每层厚度不超过 15mm，抹灰层断口处要切齐，各层断口要错开，最外层抹灰层要加防水剂。

（7）外墙装饰完成后要做淋水试验，发现问题应及时处理。

（8）提示业主注意使用方法，避免业主二次装修等原因造成外墙渗漏。

4.7.2 屋面渗漏的原因及监理对策

4.7.2.1 屋面渗漏的原因

屋面渗漏的根本原因是，防水层局部或全部失效，雨水通过屋面结构的微细裂缝渗入室内。具体分析如下：

（1）采用通用设计或标准设计时未对屋面防水的做法作详细说明；采用的防水方案不合理；设计的屋面坡度过小，排水孔过少，导致屋面积水不能尽快排除。

（2）施工时屋面结构的支撑和模板拆除过早，产生结构裂缝，再加上未进行精心养护，使结构产生大量微小裂缝。

（3）防水材料质量有问题。

（4）卷材防水层压边处理不好，涂料防水层配料搅拌、涂刷不匀，泛水、落水孔的处理不好。

（5）业主或物业管理部门为安置某种设施在屋面上钻洞、打钉破坏了防水层。屋面杂物多，堵塞了落水孔。

4.7.2.2 预防屋面渗漏的监理对策

（1）加强图纸会审，建议设计单位针对设计中存在的问题深化、完善防水设计。

（2）屋面结构因处于特殊位置，施工时应进行重点监控。第一，施工模板的刚度应满足设计要求，支撑应牢固；第二，施工时应做出合理安排，尽量一次浇筑完成，防止产生施工缝；第三，屋面板面负筋一般较多，在浇筑混凝土时要注意保护，减少和防止钢筋变形，确保钢筋位置正确并控制好混凝土保护层厚度；第四，控制混凝土配合比，水灰比（WPC）不能太大，振捣要密实，同时监督施工单位做好屋面的养护工作，不可过早拆除支撑和模板，以免产生裂缝；第五，在施工下一道工序之前，要对结构层进行蓄水试验，24h 后目测无渗漏。

（3）严格控制按设计要求进行屋面坡度施工，加强施工中的坡度检查、量测和质量评定。

（4）防水材料和防水施工质量的监控。屋面采用刚性防水设计时，要确保防水剂（粉）的质量，严格按使用说明操作。屋面采用柔性防水层设计时，建议业主、设计部门尽可能采用优质、高性能的新型防水材料代替传统的低脂油毡。严格控制防水细部构造，严格按图施工，变形缝处的防水要特别重点控制。防水层施工完毕要进行蓄水试验。

（5）在工程竣工时提交给业主的监理报告中要提醒业主不可在屋面随意增加设施，确实需要增加时，应先征询设计单位意见，做好结构补强和防水设计。

4.7.3 厨房、卫生间渗漏的原因及监理对策

4.7.3.1 厨房、卫生间渗漏的原因

具体可以从设计、施工和使用三方面加以分析：

（1）设计方面：未做专项设计，防水方案或防水材料选择不当。

（2）施工方面：结构施工时未做特殊处理，楼板混凝土结构存在裂缝；厨

房、卫生间墙根部砌体砂浆不饱满，砌砖前地面清理不干净、不湿水、不扫浆；预留洞、穿板套管周围封堵不严或套管上未设止水环；防水材料质量低劣；防水施工时，基层不干燥或未清理干净，防水层涂刷厚度不足，墙边卷起过低。

（3）使用方面：装修时打凿过度，使地板结构产生裂缝，破坏了防水层或将套管松动。

4.7.3.2 预防厨房、卫生间渗漏的监理对策

（1）设计时应采用刚柔结合的防水方案，并对厨房、卫生间的防水施工方法做出专项说明。

（2）厨房、卫生间楼板一般现浇，应严格控制楼板混凝土的浇捣质量，确保混凝土配合比正确，振捣密实，钢筋位置正确，养护及时，拆模强度不低于70%设计强度，以免产生裂缝，不得在厨房、卫生间部位留施工缝，建议厨房、卫生间的圈梁采用反梁。

（3）应严格控制管洞预留位置，避免事后打洞，上下层垂直位置应一致，预留孔径比实际管径适当加大 20～40mm。堵洞前应先将洞口松散混凝土凿除，清洗并保持湿润，堵洞混凝土宜浇筑比楼板混凝土强度等级高一级的细石混凝土，内掺适量膨胀剂。地漏、立管与楼（地）面交接处应精心施工，严格控制，周边用密封膏嵌填严实。完工后应浸水 24h 且目测无渗漏。

（4）厨房、卫生间周围墙体底部宜浇筑一层 20cm 厚细石混凝土防水墙，再砌墙体材料并保证砂浆饱满。厨房、卫生间地面应用防水砂浆找平并往墙上抹 30mm 高，待完工后再浸水 24h，且目测无渗漏。

（5）按设计坡度做好楼（地）面泛水，泛水坡向地漏。

（6）严格控制厨房、卫生间管道设备质量，严把材料关，并控制安装质量。系统安装完成后，必须试验、验收。

（7）所有防水材料必须具有合格证和现场抽检报告，防水施工前基层要处理干净并保持干燥。防水材料要按操作规程分层涂刷均匀，墙根部防水层应卷起 200mm。做完后进行 24h 蓄水试验，无渗漏方可进行下一道工序。

（8）监理工程师要提示业主，在房屋使用说明书中写明注意事项；装修时应尽量不改动厨房、卫生间隔墙的位置，不要在地面堆放过多的装修材料；拆除旧装饰面层、厨具、洁具时不要过度敲砸墙、板结构和套管；装修时要防止破坏防水层。

4.8　装饰装修质量通病防治

在建筑装饰装修工程施工中，以工程质量控制为核心，对工程的质量通病进行防治，提高装饰装修工程的工程施工质量，是建筑装饰装修施工永恒的主题。同时，遵循科学程序，依靠技术手段，严格执行质量验收规范以及相关的管理规定，做好材料进场验收，是保证工程质量的第一步；对工程施工工序质量进行动态控制，有利于保证工序质量，有利于及时发现问题，解决问题。而对于因材料、工序、环境、人员等因素引发的质量通病给予有效的防治，是装饰装修工程施工的重要环节。

4.8.1　地面找平层

质量控制：找平层多采用水泥砂浆、水泥混凝土铺设，并要求符合同类面层的相关规定，所采用的碎石或卵石的粒径应不大于找平厚度的 2/3；水泥砂浆体积比不宜小于 1∶3，混凝土强度等级应不小于 C15。在铺设找平层前，应将下一层表面清理干净；当找平层下有松散填充料时，应予铺平振实。用水泥砂浆或水泥混凝土铺设找平层，其下一层为水泥混凝土垫层时，应予湿润；当表面光滑时，应划（凿）毛；铺设时先刷一遍水泥浆，其水灰比宜为 0.4~0.5，并应随刷随铺。对有防水要求的楼面工程，在铺设找平层前，应对立管、套管和地漏与楼板节点之间进行密封处理；应在管的四周留出深度为 8~10mm 的沟槽，并用防水涂料裹住管口和地漏。

质量通病原因：地面找平过程中经常会出现地面起砂。这主要是因为以下几点：

（1）水灰比过大，施工中应严格控制水灰比在 0.2～0.25，因为水灰比和水泥砂浆强度两者成反比，即水灰比增大，水泥砂浆强度降低。

（2）工序安排不适当，以及底层过干或过湿，造成地面压光时间过早或过迟。

（3）养护不适当。

（4）地面尚未达到足够的强度时就上人走动或进行下道工序施工，使地表面遭受摩擦作用而起砂。

（5）冬期施工，地面受冻。

地面起砂的防治措施：

（1）严格控制水灰比。

（2）掌握好面层的压光时间，切忌在水泥终凝前完成。

（3）做好地面的养护，一般在 24h 后进行洒水养护。

（4）合理安排施工流向，避免过早上人。

（5）冬期施工应保证施工环境温度在＋5℃以上。

4.8.2　大理石面层和花岗石面层的铺设

质量控制：大理石面层和花岗石面层采用天然大理石、花岗石板材，应在结合层上铺设，在铺设大理石面层和花岗石面层时，其水泥类基层的抗压强度标准值不得小于 1.2MPa；在板块铺设前，应根据石材的颜色、花纹、图案、纹理等按设计要求试拼编号；板块的排设应符合设计要求，当设计无要求时，应避免出现板块小于 1/4 边长的边角料；在铺设大理石、花岗石面层前，板材应浸水湿润、晾干。在板块试铺时，放在铺贴位置上的板块对好纵横缝后用皮锤（或木槌）轻轻敲击板块中间，使砂浆振密实，锤到铺贴高度；板块试铺合板后，搬起板块，检查砂浆结合层是否平整、密实；已铺贴的板块上不准站人，在面层铺设后，表面应覆盖、湿润，其养护时间应不少于 7d；当板块面层的水泥砂浆结合层的抗压强度达到设计要求后，方可正常使用。

质量通病原因：大理石面层和花岗石面层经常会出现板块面层接缝不平、

不直、缝隙不均匀。这主要是因为：

（1）板块本身不规则、厚薄、宽窄不匀。

（2）水平标高线控制不准确，造成房间与楼道相接的门口处出现地面高差。

（3）地面铺设后，上人过早。

防治措施：要避免发生以上问题必须做到：

（1）在地面铺设前应由专人负责从楼道统一向各房间内引入标高线，找准房间中心点，严格按操作规程先铺设标准块；

（2）铺设前应对板块套尺检查，对有缺陷的应挑出来；

（3）板块间高低缝过大且超过允许偏差时，可以采取机磨方法处理，并打蜡擦光。

4.8.3 轻钢龙骨石膏板隔墙

质量控制：在施工过程中，射钉或电钻打孔时，固定点的间距通常按900mm 布置，最大不应超过 1000mm。轻钢龙骨与建筑基体表面接触处，一般要求在龙骨接触面的两边各粘贴一根通长的橡胶密封条，以起到防水和隔声作用。竖龙骨按设计确定的间距就位，通常是根据罩面板的宽度尺寸而定。对于罩面板材较宽需在其中间加设一根竖龙骨，竖龙骨中距最大不应超过600mm；当隔断墙体的高度较大时，其竖龙骨布置也应加密。竖龙骨安装时应由隔断墙的一端开始排列，设有门窗的要从门窗洞口开始分别向两侧展开。当最后一根竖龙骨距离沿墙（柱）龙骨的尺寸大于设计规定的龙骨中距时，必须增设一根竖龙骨。应注意当用冲孔的竖龙骨时，其上下方向不能颠倒，竖龙骨现场截断时一律从上端切割，并应保证各条龙骨的贯通孔高度必须在同一水平线上。

质量通病原因：在施工过程中，轻钢龙骨石膏板隔墙经常会出现结构裂缝现象，这是因为轻钢龙骨有的出现变形，有的通贯横撑龙骨、支撑卡装得不够，致使整片隔墙骨架没有足够的刚度和强度，受外力碰撞而出现裂缝。另外，隔墙与侧面墙体及顶板相接处，没有粘结 50mm 宽玻璃纤维带，只用接缝腻子找平也会导致出现结构裂缝现象。

防治措施：要防止出现上述问题，可以按如下措施进行。

（1）将边框龙骨即沿地龙骨、沿顶龙骨、沿墙（柱）龙骨与主体结构固定，固定前先铺垫一层橡胶条。边框龙骨与墙、顶、地固定做法。边框龙骨与主体结构连接采用射灯或电钻打眼安膨胀螺栓。

（2）根据设置要求，在沿顶、沿地龙骨上分档画线，按分档位置安装竖龙骨，竖龙骨上端、下端插入沿顶和沿地龙骨的凹槽内，翼缘朝向拟安装罩面板的方向。

（3）在安装石膏板时，两侧面的石膏板应错缝排列，石膏板与龙骨采用十字头自攻螺钉固定，螺钉长度为一层石膏板用 25mm，两层石膏板用 35mm。

（4）与墙体、顶板接缝处粘结 50mm 宽玻璃纤维带，再分层刮腻子，以避免出现裂缝。

（5）隔墙下端的石膏板不应与地面接触，应留有 10～15mm 的缝隙，用密封膏嵌严。

4.8.4　平板及穿孔石膏板吊顶罩面板

质量控制：这种罩面板安装方法有三种。

（1）钉固法安装。对于 U 形、C 形轻钢龙骨吊顶，可用自攻螺钉将石膏板与覆面龙骨固定；钉装石膏板的螺钉间距以 150～170mm 为宜，螺钉距板边的距离应不小于 15mm，螺钉要均匀布置并与板面相垂直。螺钉帽嵌入石膏板面 0.5～1.0mm，钉帽处涂刷防锈漆，钉眼用石膏腻子抹平。

（2）粘结法安装。如果将石膏板直接粘贴于楼板底基层，要求基层表面坚实平整。可采用长城牌 405 等胶粘剂，胶粘剂应涂刷均匀，不得漏涂，要粘实粘牢。

（3）搁置式安装。可将石膏装饰板平放搁置于 T 形轻钢龙骨吊顶的框格中，要求金属龙骨安装牢固平整，吊顶面线条顺直，石膏板落入框格后周边留有 1mm 伸缩间隙。

质量通病原因：以上石膏板吊顶，通常出现接缝处不平整现象。这主要是因为：

（1）操作者不认真，主、次龙骨未调平。

（2）选用材料不配套，或板材加工不符合标准。

（3）固定螺钉的排钉装钉顺序不正确等。

防治措施：针对接缝处不平整现象可按以下措施。

（1）安装主龙骨后，拉通线检查其是否正确、平整，然后边安装边调平。

（2）加工板材的尺寸应保证符合标准。

（3）固定螺钉从板的一个角或中线开始依次进行，以免引起接缝不平。

4.9 幕墙质量通病防治

幕墙是现代建筑装饰施工的一大亮点，它因给建筑物以美感而受到人们的重视与推崇，幕墙是美的，然而施工过程中，却出现了很多的质量通病，这些通病的产生，影响到了建筑物的美感和使用安全。

4.9.1 幕墙主要质量通病

（1）幕墙架体及节点部位质量差。

现象：幕墙预埋件尺寸不一，立柱与建筑物连接质量差，铝框架安装后，架体的水平度、垂直度、对角线超标，不同材料接触处未做防腐处理，结构胶与密封胶施工粗糙，玻璃未按设计采购与安装。

原因分析：

1）部分预埋件加工人员素质差，未按设计与技术交底要求进行下料与加工。

2）立柱与建筑物主体结构连接预埋件在建筑物漏放，擅自采用膨胀螺栓打入主体结构连接，不符合规范要求。

3）幕墙架体水平度、垂直度、对角线超规范，其原因是安装的连接件、绝缘片、螺栓安装不认真，存在安装不牢固、松动，角码连接未采用三维调节构造，连接件与预埋件之间的位置偏差采用焊缝调整时，焊缝长度不符合设计要求。

4）立柱安装质量控制不到位，结构胶与密封胶在施工时，铝框、玻璃间脏物未清理干净，注胶人员未经过培训即上岗作业，对注胶工艺、质量验收标准不熟悉。

5）成品保护差，不注意对成品的保护工作。

（2）预埋件强度达不到设计要求，预埋件漏放、歪斜、偏移。

现象：预埋件变形、松动，土建施工时漏埋预埋件，预埋件位置进出不一、偏位。

原因分析：

1）预埋件变形松动：预埋件未通过承载力计算；材质不符合要求；主体结构混凝土强度偏低。

2）预埋件漏放：土建主体施工，幕墙施工单位尚未选定，因此无埋件设计图。

3）预埋件歪斜、偏移：①土建安装的模板不垂直，支撑不牢固；②预埋件埋设时没有复验。

（3）连接件与预埋件之间锚固或焊接不符合要求。

现象：

1）连接件与预埋件节点处理不符合要求。

2）连接件与空心砖砌体及其他轻质墙体联结强度差。

原因分析：

1）幕墙与主体结构的连接处理，没有设计图和大样图。

2）焊缝未通过计算，焊工无上岗证。

3）施工空心砖及轻质墙体结构时，未考虑与幕墙连接件的联结。

（4）幕墙渗漏。

现象：

1）幕墙安装后出现渗漏水。

2）开启窗部位有渗水现象。

原因分析：

1）幕墙设计考虑不周。

2）注耐候胶施工过程中未做好清洁工作。

3）二次注胶时未做好对上次注胶接头处胶缝的清洁工作。

4）泡沫条规格不符合设计要求，造成胶缝处厚度太薄。

5）开启窗的安装质量不符合要求。

（5）防火隔层设计安装不符合要求。

现象：

1）幕墙安装后无防火隔层。

2）安装的防火隔层用木质材料封闭。

原因分析：

1）幕墙设计时未考虑到防火隔层的设计。

2）立面分割不合理，在楼层连系梁处未设幕墙分格横梁，防火层位置设计不正确，节点无设计大样图。

3）施工未按规范要求进行。

（6）玻璃爆裂。

现象：玻璃产生爆裂。

原因分析：

1）玻璃材质不良或玻璃加工工艺问题造成自爆。

2）横梁、立柱安装质量差，引起附加应力。

3）未设防震垫块。

4）设计未验算挤压应力。

（7）幕墙没有防雷体系。

现象：

1）幕墙没有安装防雷体系。

2）安装的防雷体系不符合要求。

原因分析：

1）幕墙设计没有同时考虑防雷设计。

2）防雷安装不符合规范要求。

4.9.2　幕墙质量通病防治办法与措施

（1）幕墙架体及节点部位质量差防治措施。

1）认真做好对工程技术人员的岗位培训，严格按设计及规范和施工工艺进行技术交底。

2）对幕墙的预埋件留设工作高度重视，按设计要求做好预留预埋工作。

3）对幕墙架体的水平度、垂直度控制，做好连接件、绝缘片、螺栓安装质量检查工作，焊工持证上岗，焊缝质量逐一进行检查。

4）注胶工作责成专人检查，注胶时按照施工顺序进行检查，注胶质量严格检查控制，同时做好成品保护工作，型材表面的保护膜必须在施工完毕后剥除，并及时消除幕墙表面的污染物，幕墙污染物清除采用清洗剂清除，严禁采用金属利器刮铲。

（2）预埋件强度达不到设计要求，预埋件漏放、歪斜、偏移防治措施。

1）预埋件变形、松动：①预埋件应进行承载力计算，一般承载力的取值为计算的5倍；②预埋件钢板宜采用热镀锌的3号钢。

2）预埋件漏放：①幕墙施工单位应在主体结构施工前确定；②预埋件必须有设计的预埋件位置图；③旧建筑安装幕墙，不宜全部采用膨胀螺栓与主体结构连接，应每隔3～4层加一层锚固件连接。膨胀螺栓只能作为局部附加连接措施，使用的膨胀螺栓应处于受剪力状态。

3）预埋件歪斜、偏移：①预埋件焊接固定应在模板安装结束并通过验收后进行；②预埋件安装时，应进行专项技术交底，专业人员埋设；③预埋件应牢固，位置准确，并有隐蔽验收记录；预埋件钢板应紧贴于模板侧边，宜将锚筋点焊在主钢筋上固定，埋件标高偏差不大于 10mm，埋件位置与设计位置偏差不大于 20mm。

（3）连接件与预埋件之间锚固或焊接不符合要求防治措施。

1）幕墙设计应由有资质的设计部门承担，或厂家进行二次设计后，经有资质的设计部门进行审核。

2）幕墙设计时，要对各连接部位画出 1∶1 的节点大样图；对材料的规格、型号、焊缝等要求应注明。

3）连接件与预埋件之间的锚固或焊接，焊缝应通过计算，焊工应持证上岗，焊接的焊缝应饱满、平整。

4）施工轻质墙体时，宜在连接件部位的墙体现浇埋有预埋钢板的 C30 混凝土枕头梁，其截面应不小于 250mm×500mm，或连接件穿过墙体，在墙体背面加横扁担铁加强。

（4）幕墙渗漏防治措施。

1）幕墙构件的面板与边框所形成的空腔应采用等压原理设计，可能产生渗漏水和冷凝水的部位应预留泄水通道，集水后由管道排出。

2）注耐候胶前，对胶缝处用二甲苯或丙酮进行两次以上清洁。

3）二次注耐候胶前，按以上办法进行清洗，使密封胶在长期压力下保持弹性。

4）严格按设计要求使用泡沫条，以保证耐候胶缝厚度的一致；一般耐候胶宽深比为 2∶1（不可小于 1∶1）。胶缝应横平竖直，缝宽均匀。

5）开启窗安装的玻璃应与玻璃幕墙在同一平面。

（5）防火隔层设计安装不符合要求防治措施。

1）外立面分割应同步考虑防火安全设计，设计应符合现行防火规范要求，应有 1∶6 大样图和设计要求。

2）幕墙设计时，横梁布置要与层高协调，每一楼层为独立防火分区，楼面处应设横梁，以设置防火隔层。

3）玻璃幕墙与每层楼层处、隔墙处的缝隙应用防火棉等不燃烧材料严密填实。但防火层用的隔断材料等不能与幕墙玻璃直接接触，其缝隙用防火保温材料填塞，面缝用密封胶连接密封。

（6）玻璃爆裂防治措施。

1）选材：应选用国家定点生产厂家的幕墙玻璃，优先采用特选品和一级品的安全玻璃。

2）玻璃要用磨边机磨边，否则在安装过程中和安装后，易产生应力集中。安装后的钢化玻璃表面不应有伤痕。钢化玻璃应提前加工，让其先通过自爆考验。

3）立柱安装标高偏差不应大于 3mm，轴线前后偏差不应大于 2mm，左右偏差不应大于 3mm。横梁同高度相邻的两根横向构件安装在同一高度，其端部允许高差为 1mm。

4）玻璃安装的下框槽中设不少于两块弹性定位橡胶垫块，长度不小于100mm，以消除变形对玻璃的影响。

（7）幕墙没有防雷体系防治措施。

1）幕墙防雷设计必须与幕墙设计同步进行，应符合《智能建筑防雷设计规范》QX/T 331—2016 的有关规定。

2）幕墙每隔三层设 30mm×3mm 扁钢压环防雷体系，与主体结构防雷系统相接，形成幕墙自身防雷体系。

3）安装后的垂直防雷通路应保证符合要求，接地电阻不得大于 10Ω。

4.10 建筑外墙外保温质量通病防治

建筑节能主要包括围护结构（主要是外墙和屋面）节能和供暖供热系统以及电气系统节能。在建筑中常使用的外墙保温主要有内保温、外保温、内外混合保温等方法，材料多样，做法多样。外墙外保温体系由于其使主体结构所受的温差作用幅度下降，温度变形大大减小，对结构墙体起到了很好的保护作用，并可有效阻断热桥而受到推崇。同时，在既有建筑改造中，对现有建筑结构及使用影响也较小，因此，建筑外墙保温选择中使用外保温体系较为普遍。

在实际中，不少工程的外墙外保温存在涂料面层开裂的现象，严重影响了建筑的外观质量和使用寿命。防治面层开裂已成为工程中防治质量通病的一项新内容。

4.10.1 外墙外保温面层开裂原因分析

4.10.1.1 保温体系各层材料因素

（1）保温材料。

1）挤塑聚苯板：材料本身密度大、强度高，由于自身变形及温差变形而产生的变形应力也大，易造成板缝处开裂。

2）模塑聚苯板：材料密度低、易变形、抗冲击性差，常常由于工期长或隔年施工等原因，造成聚苯板表面粉化，导致聚苯板粘结不牢，造成保温层、防护层、饰面层开裂。

3）聚苯颗粒：施工简单，便于操作，但和易性差、易滑坠；材料强度高、干缩大，易空鼓、开裂。

（2）防护层材料。

在外墙外保温体系中，抹面砂浆与增强网构成的防护层对整个保温体系的抗裂性能起着关键的作用。按照有关规定要求，抹面砂浆的柔韧极限拉伸变形应大于最不利情况下的自身变形（干缩、化学、湿度、温度变形）与基层变形之和，从而保证防护层抗裂性要求。抹面砂浆中增强网（如玻纤网格布）的使用，一方面能够有效地增加防护层的拉伸强度，另一方面可以有效地分散应力。

由于防护层材料造成开裂的原因主要有以下几个方面：

1）抹面砂浆采用普通水泥砂浆。

2）配制的抗裂砂浆柔韧性不够。

3）抗裂砂浆层厚度超规范，收缩开裂。

4）玻纤网格布材料质量不合格，抗断裂强度低，耐碱强度保留率低，未起到增强作用，引起面层开裂。

（3）涂料饰面层材料。

涂料饰面层应具有良好的防水、透气及抗裂性能。腻子与涂料应着重考虑柔韧抗变形性而不是强度。从抹面抗裂砂浆、腻子到涂料，抗变形性逐层增加是保证保温体系抗裂性能的理想模式。由饰面层材料引起面层开裂的原因主要有以下几方面：

1）腻子韧性不够。若采用刚性腻子，易导致由于韧性不够引起的抵抗防护层开裂。

2）采用不耐水的腻子。受水浸渍后产生气泡、开裂。

3）涂料耐老化性能不符合要求。导致面层耐久性差，易开裂、起皮。

4）涂料透气性差。使得内部的水汽无法排出，造成起泡、起皮。

5）涂料与腻子性能不匹配。例如在聚合物改性腻子上面使用溶剂型涂料，造成腻子中的聚合物溶解而使腻子性能破坏。

4.10.1.2　外墙外保温体系材料协作性能差异

（1）EPS板薄抹灰外保温体系开裂原因。

EPS板薄抹灰外保温体系通常采用粘贴的方式（也可加锚固栓辅助锚固）固定于基层墙体上，再抹抹面砂浆并将增强网铺压在抹面砂浆中。在实际施工中，出现了较多的涂料饰面层开裂的问题，究其原因主要有以下几个方面：

1）EPS板自身收缩变形时间长达60d。在自然环境条件下42d，或在60℃蒸汽养护条件下5d的自身收缩变形可完成99%以上。所以，EPS板在自然环境条件下42d或在60℃蒸汽养护条件下5d后才能上墙。但在我们现实施工中很难保证这一点，因为生产企业由于资金占用、成本控制等因素，通常养护不到7d就出厂，或者生产企业往往没有足够的场地供EPS板长时间养护，从而造成了施工现场EPS板上墙后继续收缩，且均集中在板缝处。

2）由于季节变化、昼夜温差引起保温体系发生热胀冷缩、湿胀干缩时，也会在板缝处集中产生变形应力，从而造成板间裂缝。

3）对于夏热冬冷地区工程，当聚苯板的温度超过70℃时，会产生不可逆热收缩变形，造成较为严重的开裂变形，这种情况在高温的夏季更为突出。

（2）抹灰钢丝网架外保温体系开裂原因。

水泥砂浆厚抹灰钢丝网架外保温体系通常把带有钢丝网架的聚苯板与现浇混凝土整体一次浇筑，固定在基层墙体上，然后用厚 20～30mm 的普通水泥砂浆找平。此类做法开裂严重，主要有以下两方面原因：

1）普通水泥砂浆自身极易产生收缩变形，并且存在强度增大周期短（10 多个小时便已完成）、收缩周期长（几个月甚至上百天，收缩率为 8％～10％）的矛盾，当收缩形成的拉应力超过水泥砂浆的抗拉强度时，就会出现裂缝。

2）由于保温板平整度很难控制，会造成找平层抹灰厚度不均，局部每平方米荷载可达 800N 甚至 1000N 以上，在这样的情况下，局部收缩和温差应力不均，引起较多裂缝。

（3）胶粉聚苯颗粒外保温体系开裂原因。

1）在构造中不用柔性腻子而采用刚性腻子。

2）不采用压折比小于 3 的抗裂砂浆，而采用普通水泥砂浆或韧性不够的抹面砂浆。

3）门窗洞口四角未铺设 45°耐碱增强网。

4）抹灰未分层，或虽分层但各层间隔时间少于 24h。

4.10.1.3 施工因素

施工的质量对外墙饰面层质量的保证是非常重要的。外保温体系施工过程中由于施工因素造成的开裂主要有以下几个方面：

（1）增强网格布干搭接或搭接不够，造成搭接处开裂。

（2）局部增强措施不到位。比如在门窗洞口四角处沿 45°未加铺玻纤网，就容易导致这些关键部位出现 45°裂纹。

（3）施工季节选择不当。冬期施工的外墙外保温工程，容易出现开裂、空鼓、脱落等质量通病。

（4）施工工艺不当。粘贴聚苯板时，一端翘起，引起另一端的板面虚铺、空鼓；在施工过程中，敲、拍、振动板面也会引起胶浆脱落。

（5）作业时间不当。在太阳暴晒或在高温天气下抹面层，失水过快。

（6）在腻子层尚未干燥或刚淋过雨的情况下，直接在上面涂刷透气性差的高弹性面层涂料，易造成面层涂料起泡。

4.10.2 外墙外保温体系面层开裂的预防与控制

为保证外墙外保温工程质量，必须按照"逐层渐变、柔性释放、抗放结合、求同存异"的原则，认真选择材料及施工方法，处理好材料之间的相邻关系，以达到保温、抗裂及装饰的效果。具体来讲，外保温体系饰面层开裂的预防与控制应注意以下几个方面：

（1）严格掌握逐层渐变柔性释放应力的抗裂技术原则。有关专项课题研究表明：应努力做到保温层各相邻层性能、弹性模量变化指标相匹配，逐层渐变；抗裂砂浆应保证一定的柔韧性，以便释放变形应力；涂料饰面层应从里向外柔性变形逐渐增大。

（2）加强保温层施工前的基层处理，要求基层平整坚实；凸起、松动等部位应剔除，用1∶3水泥砂浆找平。

（3）严禁使用普通水泥砂浆作为保温构造的找平层、保护层。

（4）严格控制防护层的施工质量，须采用专用抗裂砂浆并辅以合理的增强网。

（5）应充分考虑各层材料的相容性及匹配性。

（6）做好材料性能匹配性控制。外保温体系材料最好由供应商对体系材料成套供应。

（7）提高施工质量保证率。

5 工 程 案 例

5.1 雅世合金公寓工程

5.1.1 工程照片

雅世合金公寓工程见图 5-1。

图 5-1 雅世合金公寓工程

5.1.2 工程简介

北京永定路甲 4 号院工程（雅世合金公寓工程）规划总用地面积 2.2hm²，总建筑面积 77848.37m²。其中地下 2 层，建筑面积 29124.37m²，为钢筋混凝土框架-剪力墙结构；地上 5～9 层，建筑面积 48724.00m²，为配筋混凝土砌块砌体结构。本工程还采用 SI 干式内装系统墙体管线分离施工技术。

经过深化设计，内外墙块型数量细化到了 20 多种，大大丰富了砌块种类，减少了现场切砖量。

5.1.3 工程重难点

清水砌筑施工阶段，对砌筑墙体的成品保护也是难点之一，解决砌筑墙体阶段和浇筑圈梁、顶板混凝土对砌块墙体的污染，也是该技术的重点。

墙体管线分离采用树脂螺栓、轻钢龙骨等架空材料形成结构面层与装修面层双层贴面墙，保证架空层墙体与管线分离，树脂螺栓安装施工工艺以及管线安装施工流程是该工程的重点。

5.2 海门中南世纪城 33 号楼

5.2.1 工程照片

海门中南世纪城小区见图 5-2。

图 5-2 海门中南世纪城小区

5.2.2　工程简介

海门中南世纪城 33 号楼，地下 1 层，地上 10 层，建筑高度 32.50m，总建筑面积 4556m²，剪力墙结构。基础及地下室采用现浇钢筋混凝土结构，地上部分采用全预制装配整体式剪力墙结构。

5.2.3　工程重难点

全预制装配整体式剪力墙结构节点连接问题。

5.3　中建观湖国际项目 14 号楼

5.3.1　工程照片

中建观湖国际项目 14 号楼见图 5-3。

图 5-3　中建观湖国际项目 14 号楼

5.3.2 工程简介

该项目位于郑州市经济开发区第十五大街与经南八路交叉处西北，所处地貌为黄河冲积平原，整个场地地势起伏较大，最大高差 3.4m，场地稳定 。拟建建筑面积 110629.36m²，包括 1 号～3 号三栋 34 层高层住宅，4 号～13 号十栋多层住宅。中建观湖国际项目 14 号楼，地下两层为现浇剪力墙结构，地上 24 层采用装配式剪力墙结构，地上部分结构体系采用全预制装配式环筋扣合混凝土剪力墙体系。

5.3.3 工程重难点

全预制装配式环筋扣合混凝土剪力墙体系节点连接问题。

5.4 汕头潮阳碧桂园

5.4.1 工程照片

汕头潮阳碧桂园效果图见图 5-4。

图 5-4 汕头潮阳碧桂园效果图

5.4.2　工程简介

汕头潮阳碧桂园一期 B 标段总承包工程由中国建筑第七工程局有限公司承建，位于汕头市潮阳区城南中路 249 号，本拟建建筑物由三栋住宅楼及 1 层地下车库组成，－1 层地下室为连体地下室。总建筑面积约 100970m²，地上 29～30 层，地下 1 层，建筑高度约 91.9m，为框架-剪力墙结构。

本工程采用全穿插施工，主体结构与装修工程穿插施工，其中做好外墙的防污染保护是做好全穿插施工的关键。

5.4.3　工程重难点

5.4.3.1　施工工期短

地下室施工工期仅有 25d（含坑中坑土方开挖），主体施工时间仅有 163d。

5.4.3.2　铝模体系

施工蓝图出图晚，从熟悉图纸，铝模深化，工厂加工到运送到现场只有两个月的时间。

5.4.3.3　爬架系统

该工程采用爬架系统，要求全穿插施工。

5.4.3.4　水电精准定位

该工程采用铝模系统，对水电前期预埋的线管定位开孔有严格要求。

5.4.3.5　施工范围覆盖广

该工程水电安装部分施工范围广，从室内到室外再到园林景观，从前期预埋再到后期设备安装均有覆盖，对材料准备、工种安排、施工工艺都有新要求。

5.5 郑州航空港经济综合实验区

5.5.1 工程照片

郑州航空港经济综合实验区效果图见图5-5。

图5-5 郑州航空港经济综合实验区效果图

5.5.2 工程简介

郑州航空港经济综合实验区（郑州新郑综合保税区）河东第一棚户区4号地建设项目，位于郑州市中牟八岗镇内。总建筑面积344471.84m²，包含九栋高层住宅楼、六栋裙楼。住宅部分地下2层，地上34层，层高2.8m，建筑高度99.6m；车库部分地下2层，层高分别为3.9m、3.7m。

该项目由郑州航空港区航程置业有限公司投资兴建，由中国科学院建筑设计研究院有限公司设计，广州宏达工程顾问集团有限公司监理，河南省地矿建设工程（集团）有限公司勘察，中国建筑第七工程局有限公司总承包施工。

5.5.3 工程重难点

（1）工程规模大、劳动力组织难、周转材料、施工设备投入大，资金占用大；

（2）地下室面积大，模板等周转材料一次投入量大；

（3）栋号多，施工组织难，且地处棚户区协调难度大；

（4）多区段施工，后期专业队伍多，成品保护难；

（5）地方关系协调。

5.6 福 州 中 旅 城

5.6.1 工程照片

福州中旅城效果图见图 5-6。

图 5-6 福州中旅城效果图

5.6.2　工程简介

工程位于福州五四路 128 号，由福建中旅房地产开发有限公司开发建设，福州国伟建设设计有限公司设计，勘察单位为福建省建筑设计研究院，福州宏信建设工程监理有限公司监理，中建海峡建设发展有限公司总承包。

工程地下 4 层，地上裙房 8 层，四栋塔楼分别为三栋 46 层高层住宅和一栋 40 层办公楼，工程总建筑面积 245000m²，地下 72000m²，总高度 156.50m，合同总造价约为 7 亿元，合同工期为 1530 日历天。

5.6.3　工程重难点

（1）地下室四层，开挖深度 18.5m，最深开挖 24.2m，基坑围护采用 4 层内撑式排桩支护结构，地下室面积 7.3 万 m²，深基坑施工难度大。

（2）地理位置：本工程位于城市繁华区，对本项目的文明施工提出了很高的要求。

（3）工程桩采用冲（钻）孔钢筋混凝土灌注桩，桩长 40～70m，桩数量 912 根，桩径 $\phi800$、$\phi900$、$\phi1000$ 三种，呈现桩型多、桩长长、总量大的特点。

（4）南塔 A、B 楼和北塔住宅楼为高位转换的结构体系，采用箱式转换，梁高 2.0～2.6m，属于超重风险工程，且位于 34.4m 的高位。

（5）钢与混凝土组合结构技术，南楼从－4 层地下室至地上 7 层墙柱设有 45 根型钢柱，北楼从－4 层地下室至地上 7 层墙柱设有 17 根型钢柱，十字形型钢柱，最大规格为 800×700×30×50；H 形型钢柱，最大规格为 H700×600×30×40，单根型钢劲性混凝土柱重量为 2.1～5.5t，吊装难度大。

（6）垂直度控制：工程均为高层建筑，建筑的垂直度控制是一个关键点。

（7）安全危险源：工程安全危险源量大、面广，施工参与人员多，须加强临边、洞口、电器、机械及高空坠落物等的防护与控制。

5.7 北京中海九号公馆

5.7.1 工程照片

北京中海九号公馆别墅景观见图 5-7。

图 5-7 北京中海九号公馆别墅景观

5.7.2 工程简介

中海九号公馆坐落于北京市丰台区丰葆路 98 号，项目包括别墅及平层官邸，建筑面积为 348000m²，占地面积为 2800002m²，联排别墅地上 3 层、地下 2 层，别墅容积率约为 0.8。

5.7.3 工程特点

中海九号公馆，参照 16 世纪英国皇室规制营造，从富丽堂皇的立面细节中彰显魅力，以恢宏大气为基调缔造纯正英式皇家园林，由外而内打造饱含隆重而沉厚的绅贵气息。